您身边的
心理学

跨界心理学

陈邦伟 刘鹏 陈池明 著

行为

色彩

还在困惑吗?
你想要的心理学答案都在这里

销售

口才

中国建材工业出版社

图书在版编目(CIP)数据

跨界心理学 / 陈邦伟,刘鹏,陈池明著. -- 北京：中国建材工业出版社,2017.10
ISBN 978-7-5160-1977-1
Ⅰ. ①跨… Ⅱ. ①陈… ②刘… ③陈… Ⅲ. ①心理学—普及读物 Ⅳ. ①B84-49
中国版本图书馆CIP数据核字(2017)第189339号

跨界心理学

陈邦伟　刘鹏　陈池明　著

出版发行：	中国建材工业出版社
地　　址：	北京市海淀区三里河路1号
邮　　编：	100044
经　　销：	全国各地新华书店
印　　刷：	北京天恒嘉业印刷有限公司
开　　本：	710mm×1000mm　1/16
印　　张：	11.25
字　　数：	200千字
版　　次：	2017年10月第1版
印　　次：	2017年10月第1次
定　　价：	43.80元

本社网址：www.jccbs.com　　微信公众号：zgjcgycbs
本书如出现印装质量问题，由我社市场营销部负责调换。联系电话：（010）88386906

Abstract
内容提要

　　本书遵循心理学与艺术相结合的跨界形式，创造性地引用形象化设计语言来表达，使心理学基本概念和经典原理以生动形象艺术的阐释方式、清晰深刻地映刻在读者脑海中。

　　本书从行为、销售、色彩与口才四个方面进行跨界整合，系统地进行分析解答。在全书最后，读者可以根据自己的心情用色彩图案描绘一个喧嚣世界以外的花园，给浮躁的心带来平静祥和，控制情绪，调整心理状态，开阔视野。

　　本书适合白领精英、时尚人士、教育管理者、心理学爱好者、销售管理人员、艺术设计人员、服装设计师、学生等阅读参考。

Preface
前言

　　"为什么自己总会出现无法理解的行为？""为什么自己的销售业绩总是不好？""为什么自己的口才不具有说服力？""为什么自己不懂内心中的性格色彩？""如何让自己更加自信？"

　　本书将以跨界形式改变您的思维方法，教您更好地体验生活。教您学会处理各种心理及情绪困扰，从自卑变为想象不到的自信！

　　这本书为什么叫《跨界心理学》？按照生活中大众对于心理学的理解，认为任何学科都是以科学方法为主导，但在日常生活中有很多时候无法用单一的科学方法去解读，就需要我们整合心理学中的行为学、销售学、色彩学、口才学等多学科知识，来处理并解决问题。生活中不管您是否满意现有的生活状态，都会时不时出现理性与非理性的情绪变化，然后会有排斥情绪，不自觉地产生认知自卑。读懂《跨界心理学》这本书，将会改变您的心理状态。通过本书，您会了解跨界心理的奥秘，并学会通过沟通、交流等方式来表达自己的心情。

人们常说，心理学是打开人们知识宝库的钥匙，生活上最难打开的门是心门，生活上最难走的路是心路，生活上最难过的桥是心桥，生活上最难调整的是心态。可以说，心的改变，决定您的人生成败。因此，要成功，从心开始。从尊敬自己、欣赏自己开始，本书从心理学角度为您解答心中的这些疑问，教您学会欣赏自己，赶上时代的脚步，并用自己的生活方式，开启心灵密码，激发潜能，调动积极情绪，化解消极情感和心理危机，造就成功幸福的人生。

总之，《跨界心理学》一书集趣味性、知识性、艺术性、启发性于一体，将会深深吸引读者，使读者了解在生活中，心灵是那么丰富多彩，心理知识是那么益智有趣。它让我们认识到心灵可以散发出最有力量的灵感。让诸位读者朋友在读完本书后，充分发掘自己与生俱来的特性并及时规划未来发展，使您更自信地去掌握自己的命运，这就是本书的目的所在——相信自己最重要。

本书在选题、内容和设计的工作中得到了黄聪、杨艺兵、龚昀、许震、陶磊、黄尚、王凯、郭肇基、杨金舟、柳样春等设计师的大力支持，在此表示感谢。

目　录

行为心理学
Behavior Psychology

会让女人变丑的危险动作……………… 02

从洗澡习惯看出个人性格……………… 04

从床上细节看出他多爱你……………… 06

从拥抱姿势揭露个人心理……………… 08

从"笑"看懂对方心理秘密…………… 10

睡姿暴露出女性的小秘密……………… 12

从点菜可以看出性格缺陷……………… 14

从衣服颜色看出男生内心……………… 16

微信头像说明了你的性格……………… 18

出轨心理是这样被暴露的……………… 20

教你看玩暧昧还是想交往……………… 22

可以出卖你性格的小动作……………… 24

从握手窥探你的内心秘密……………… 26

酒后看出他人的性格特点……………… 28

男生喜欢一个女生的表现……………… 30

从喜欢吻女人哪里看性格……………… 32

男人的身体语言暴露性格……………… 34

透过手势解读其行为心理……………… 36

从步伐节奏分析人的性格……………… 38

男生点赞背后的六种含义……………… 40

消除客户害怕受骗的心理……………… 44

给你带来成功的交易心理……………… 46

一眼看穿在你面前的客户……………… 48

向客户报价千万别那么快……………… 50

大部分中国人的消费心理……………… 52

销售潜规则中的几条铁律……………… 54

几个小动作助你提升自信……………… 56

几个很准的社交心理现象……………… 58

销售淡季提高销量的秘诀……………… 60

销售中你可能没注意的点……………… 62

做销售要知道饭局潜规则……………… 64

打动六类客户该说什么话……………… 66

放下你外表的自卑和偏见……………… 68

销售要有麻将高手的精神……………… 70

改变抱怨心态的训练方法……………… 72

内向的人更容易做好销售……………… 74

客户为什么不喜欢接电话……………… 76

销售就是读懂顾客的心理……………… 78

销售人员必备的黄金观念……………… 80

如何培养消费者的信赖感……………… 82

目　录

销售心理学
Sales Psychology

目 录

色彩心理学
Color Psychology

用色彩改变他人眼中的你……………… 86

女性恋爱时的色彩心理学……………… 88

产生色彩心理差异的原因……………… 90

透过色彩看你心底的秘密……………… 92

与生活相关的色彩心理学……………… 94

人体色与服饰色彩的关系……………… 96

色彩疗法可治愈不同疾病……………… 98

色彩传达可产生感觉信息……………… 100

时尚靓丽的服装色彩搭配……………… 102

服装色彩搭配技巧的运用……………… 104

喜欢黑色系的人心理解析……………… 106

色彩心理学中白色的解密……………… 108

色彩心理学中绿色的解密……………… 110

色彩工学在产品中的作用……………… 112

对于品牌中色彩的重要性……………… 114

教学中色彩心理学的运用……………… 116

灯光师需知的色彩心理学……………… 118

色彩在室内设计中的应用……………… 120

色彩对网页设计的影响力……………… 122

能让心情变好的七种色彩……………… 124

教你事半功倍的销售术语⋯⋯⋯⋯⋯ 128
初次见面说讨人喜欢的话⋯⋯⋯⋯⋯ 130
让口拙的你变得巧舌如簧⋯⋯⋯⋯⋯ 132
教你电话销售的说话技巧⋯⋯⋯⋯⋯ 134
将平淡如水变成风趣幽默⋯⋯⋯⋯⋯ 136
摆脱沟通恶习的沟通技巧⋯⋯⋯⋯⋯ 138
让好口才决定你的好人生⋯⋯⋯⋯⋯ 140
教你提高口才的训练方法⋯⋯⋯⋯⋯ 142
把握说话节奏呈现音乐美⋯⋯⋯⋯⋯ 144
学会面试中语言沟通技巧⋯⋯⋯⋯⋯ 146
增强感情的家庭说话技巧⋯⋯⋯⋯⋯ 148
向领导提建议的说话方式⋯⋯⋯⋯⋯ 150
提高说服力的五个心理学⋯⋯⋯⋯⋯ 152
缓解电话沟通中的尴尬局面⋯⋯⋯⋯ 154
恋爱中需掌握的说话技巧⋯⋯⋯⋯⋯ 156
展现幽默口才的几项禁忌⋯⋯⋯⋯⋯ 158
销售员不能害怕当众说话⋯⋯⋯⋯⋯ 160
从说话方式中去发现性格⋯⋯⋯⋯⋯ 162
演讲心理迅速调整的技巧⋯⋯⋯⋯⋯ 164
700 倍提升你的口才能力⋯⋯⋯⋯⋯ 166

目　录

口才心理学
Eloquence Psychology

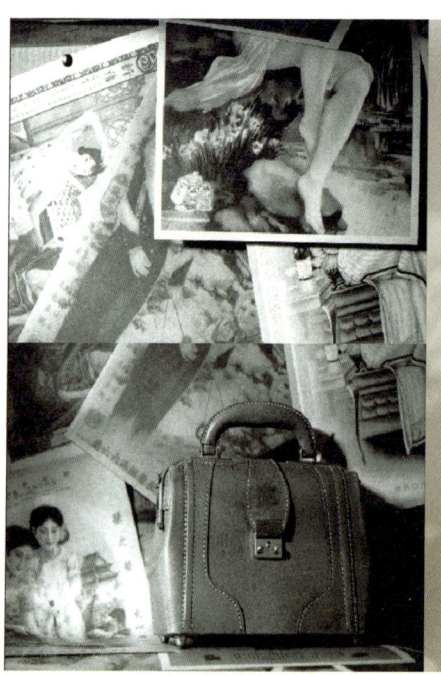

生活魅力来源启邦

众所周知上海具有购物激情和浓郁商业气息
十里洋场一处处展现出商业前景
上海又是D.6.G品牌事业的创始地
海派精粹铸就了D6G的企业文化
若把D6G比作一艘远航的巨帆
那么上海就犹如承载着它远行的大海
D6G在这座古老而现代
传统却更前卫的国际化大都市里畅游前行着

行为心理学
Behavior Psychology

瞬间读懂他人小动作背后隐藏的小秘密，破解人性密码，呈现行为奥秘！

比读心术更有效，比攻心术更直接！看过本章，秘密不再是秘密！

留心观察自己与别人的行为，就会发现，我们身体的一举一动都在告诉别人：我是什么样的人。同理，我们可以根据对一个人个性的了解，预见其未来行为。

每个人都希望了解自己，了解他人。人的心理并非琢磨不透，其实它很简单，行为心理学通过行为分析心理，让你在日常生活中逐渐了解到自己的内心深处，并帮助你分析你周围人的行为和个性。

希望本章能给那些不善于识人的读者指点迷津，在学会识人辨人方法的基础上，掌握为人处世的策略，不仅在职场中如鱼得水，还能收获幸福美满的婚姻，达到无往不胜的高超境界。

行为心理　Behavior Psychology
会让女人变丑的危险动作

生活中，女性朋友常常为皮肤保养问题而烦忧，经常用一些护肤品和化妆品来护住我们的"面子"。然而却始终抵挡不住岁月的无情。其实呢，生活中我们不经意的一些小动作就有可能加速了我们的衰老，这些你一定要注意哦！

有人说，岁月是把杀猪的刀，年龄老化会让女人的美貌失色，但其实真正让女人变丑的原因还有很多。每天我们生活都马不停蹄，漂亮精明的女人对自己的容颜不可匆忙对待。女人有的越长越漂亮，而有的却越长越丑了，令你多日保养的结果功亏一篑。

比如平时无聊的时候常常会发呆，有时候就喜欢一边用手撑着脸，一边想一些事情。其实手在托腮的时候，手掌会对脸部的皮肤造成拉扯，如果经常这么做就很容易长出皱纹来。与皮肤因环境影响所导致的细纹、幼纹不一样，这条纹如果长出来了往往就是一辈子都消不掉。另外，这个动作是勾背的，容易造成驼背，而且手上如果不干净还会对皮肤造成感染。

再美的美人，若不注意保养，都会在时间面前败下阵来。要想10年之后依旧是个美人，以下几个动作一定要杜绝。

挤眉弄眼

在说话或做表情时，夸张一点儿就会这样，长期如此额头上的五线谱会悄悄出现。任何拉扯皮肤的动作重复多次都会生皱纹，即使是说话时眨眼睛或挑眉。

偏爱某侧牙齿

长期保持单侧咀嚼的坏习惯，会让经常咀嚼食物那边的面部肌肉越来越强壮，而另一边面部肌肉则由于经常不用而退化。久而久之，就会造成左右面部大小不同，形成"大小"脸。

亲手战"痘"

自己挤痘痘容易引起红肿发炎，留下痘疤。一个可恶的痘痘从出现到消失的时间不过两三天，但如果挤破它造成感染，痘疤消失的时间是一个月甚至更长。

用手撑脸

长此以往会生成永久性的皱纹。托腮时，手掌对脸部的挤压会造成脸上的皮肤被拉扯，很容易出现皱纹。最可怕的是，这个动作一旦造成皱纹，可就是永久性的。

超时敷面膜

长期超时敷面膜会导致皮肤变干、过敏，还会变老。一般面膜在脸上的停留时间不宜超过15分钟。敷面膜超时后，面膜会倒过来从肌肤中吸收水分，影响皮肤吸收营养和分泌油脂，引起过敏。

常皱鼻子

脸上最早出现皱纹的部位，就是常受表情肌牵动的部位，像眼尾、眼下、眉心、额头等。肌肤偶尔受到牵动时有纹路出现，但只要表情恢复纹路就不见了，还不必担心。

02

行为心理　Behavior Psychology

从洗澡习惯看出个人性格

　　每一个人都有属于自己的习惯，好的习惯可以改变一个人的命运，注定一个人的前途。人与人之间的习惯都各不相同，有的人习惯好，有的人习惯差。

　　教养体现素质，素质展现自我，变通成为习惯，习惯改变命运。养成一种好的习惯不易，而学习一种"下九流"习惯却很快。习惯在分类中没有什么清楚的界限，有生活中的习惯，学习中的习惯，工作中的习惯，也有与人交往中的习惯等。

　　在日常生活中，我们都会有一种自己的生活习惯，就如同穿衣戴帽一样，各有自己的一种风格。平日喜欢什么品牌总是用这一种作为自己的独有"专利"，平日喜欢什么颜色总是将它作为自己的"性格"，平日喜欢什么食物总是"死守"这一块"阵地"。

　　习惯是一件以小见大的事情，从习惯能真切地看出一个人的性格，瞒不了人。现在从洗澡习惯测测你的内在性格如何吧！

习惯晚饭之后才洗的人

属于做事比较慢条斯理型的人，喜欢趁着洗澡时沉淀一下思绪，并悠游自在地享受洗澡的乐趣。不会情绪化，对事物的喜恶不易表现出来。

看完电视后才洗澡的人

很重视满足自己的欲望，比较不会事先规划再做事，尽管他们目标定得很高，但是他们做事的态度非常脚踏实地，不好高骛远，他们的应变能力也不差。

在洗完澡后才上班的人

属于比较精明的，他们对于数字很有观念，对于理财更是有一套，做一件事之前会先评估许久，对一切已经做好万全的准备之后才会开始行动。

习惯在吃晚饭前洗澡的人

通常他们比较不爱泡澡，因为这对于凡事喜欢速战速决的他们来说太浪费时间，他们喜欢按部就班地将所有规划的事情做好，而不愿意拖拉。

习惯上床睡觉前洗澡的人

喜欢追求温柔又美丽的一段感情，他们的感情故事也相当具有浪漫色彩。通常他们比较喜欢独来独往，不习惯过团体生活，在生活方面也不喜拘泥于形式。

喜欢跟家人排序洗澡的人

习惯接受他人的安排、意见与看法，很好相处，其人格方面协调性也强，会站在别人的立场为其设想，不会自私地只会去自扫门前雪。

行为心理　Behavior Psychology
从床上细节看出他多爱你

　　爱是千古难题之一，苦于你难以分辨对方是真心还是假意，该拒绝还是接受。男人的嘘寒问暖、呵护备至，往往让人意乱情迷。真心与暧昧，表象很接近，本质却是天与地，女人需要及早分辨，别让他该死的温柔耽误自己的大好年华。

　　现代生活节奏越来越快，与人相处的时间越来越短，与妹子相处，性趣不合最终也是白搭。很多时候，很多在恋爱中的女生都会有一种患得患失的感觉，她们会想这个男人是不是真的爱我？毕竟只有确定了心里才会更踏实一点，那么男人爱不爱你有什么表现？怎么知道一个男人爱不爱你呢？要如何去判断一个男人是否爱你。

　　你的男人到底有多爱你，他平时的表现是否反应了他的真实一面？你跟他在爱爱的时候，他跟你是否有眼神接触呢？他在跟你亲热的时候是喜欢将房间的灯光调暗或熄掉，亦或是就任由灯开着，让彼此可以欣赏对方的每一个细微变化呢？很多人可能会想，睁着眼睛爱爱不是很奇怪吗？其实从你们之间的"爱爱"细节就可以判断出他对你到底是虚情假意还是全心全意的。

爱爱后的他

如果刚刚经历了鱼水之欢,他立马拿出手机看起了小说或者新闻,你觉得他能有多爱你?也许做爱只是满足他的生理需要,并不是爱你而想和你做爱。

睡觉的姿势

如果他总是背对着你睡觉你能觉得他有多爱你。如果你先背对着他睡,他应该从后背抱着你;如果他平躺着,你可以枕到胸膛上睡;如果一会就说胳膊酸疼,他肯定不够爱你。

睡着的时候

他睡着了,当你翻个身的时候,他肯定也会翻身的,看他迷迷糊糊的状态下是不是会自然的抱住你,如果是的你该庆幸他是爱你的。

你把他吵醒

如果你乱动把他吵醒,他没有责怪你乱动,而是紧紧的抱住你询问你怎么了,说明他足够的爱你。

休息的早上

还没有起床,你说你饿了,让他买早餐,他说你去买,你让他去买,最后你妥协了,看你妥协了,他会笑着说逗你玩的:我去买,你再睡一会。

睡觉前

躺在床上,准备睡觉了,你突然说有点想吃东西了,这时他没有不耐烦,而是问你想吃什么给你去买,他看你吃的开心,他比你更高兴。

04

行为心理　Behavior Psychology

从拥抱姿势揭露个人心理

　　想要了解一个男人，其实很简单，可以从他的言语举止看出来。拥抱并不仅是双臂所做出的一种简单动作。

　　当人们相互拥抱时，后叶催产素就会被释放出来，让人发自内心地感觉到温暖舒适。这种化学物质与社会关系之间也存在着相关性。这种激素能减轻压抑感、减缓衰老，让女人变漂亮，男人容光焕发，性爱次数和性爱质量也大大提升。

　　男人抱女人的姿势与男人爱女人的方式有很大关系。比如男人喜欢从背面环拥住你，证明他是一个比较理性的人，同时也更注重与爱人有精神上的交流，如果他抱你时会在你上背处拍几下，你有没有注意到不论电影或现实，男生间朋友性的拥抱都会有响亮的拍打上背的动作？同样的道理，当他长期都是这样抱你的，那表示他其实是把你视为好哥儿们等等。

　　如何知道一个男人真的爱你？女人在爱情中常常会很纠结，喜欢胡思乱想，男人偶尔的一个小动作都会让你猜想很久。其实想要读懂一个男人的心并不难，从拥抱姿势就可以判断男人的心。

从背面温柔环拥

喜欢从背面环拥女友的男人，比较理性，他更注重与爱人有精神上的交流，所以你不要奢望他能把"我爱你"挂在嘴边，还是看他的行动吧。

单臂拥住你的肩

在爱情上他很被动，也很保守。他很尊重爱人，和这样的男人相处，你想要什么一定要说出来，自顾自生闷气只会被他误读为你讨厌他。

趁你不备，拉入怀中

如果他喜欢出其不意地一把把你拉入怀中，让你的脸贴着他的胸膛，他的双臂紧紧拥着你，他是在告诉你：宝贝，你不知道我有多爱你，相信我，我会给你幸福的！

他喜欢枕在你腿上

男人的拥抱方式泄露的情感心理：这样的男人有恋母情结，在情感上比较黏你，他比较多愁善感，更喜欢你对他说"我爱你"，他一定是你的耐心听众。

边拥抱边亲吻

拥抱时，喜欢女生把头靠在自己肩膀上，默默地感受对方的爱意，深情亲吻。说明男生做事很有激情，生活中充满活力。

桥型拥抱

虽然脸贴脸，但是下半身不贴近。就如"桥"型一样的拥抱，这种拥抱就是想要保持一定距离的信号。

行为心理　Behavior Psychology

从"笑"看懂对方心理秘密

　　笑容可以透露出一个人的真实性格。分辨愉快的笑与虚假的笑，单单是"笑脸"，就有微笑、苦笑、嘲笑等好几十种。"笑"本来是为了缓和紧张感而生的，然而像嘲笑或怜悯的笑，反而是在不愉快的场合中出现的"笑"。

　　根据专家分析，人的脸部肌肉十分丰富，会随着感情的变化而出现变化，尤其是眼睛和嘴巴附近的肌肉，最能将一个人的心理变化表现出来。而根据嘴巴的多种弧度，嘴部动作也可以有多种，张开或者闭合，向上或者向下，向前或者向后，根据不同的笑脸了解对方微妙的心理情况。

　　一点儿也不稀奇的是，有人经常笑。这种恭维的假笑，是一种阿谀别人的举动(称为迎合行动)。带有"我会服从你"意味的笑脸，表示心怀不安或是有担心的事，有"请帮助我""请关心我"的动机。此外，还有"想和你成好友"的亲和欲求讯息。是不是从内心发出的笑，只要留意眼睛和全身即可得知。不自然的笑或有目的的笑，通常嘴角堆着笑，但眼睛却没有笑意。此外，身上也没有很兴奋的反应。

半边嘴角上扬的人

这种人虽然很有自信,但对一切都感到空虚。所以其实外表看起来强悍,内心其实很脆弱。

笑声非常爽朗的人

性格开朗,豪迈的笑与高声笑的人也是这种状况。在不太自然的情况下大笑,会令人感觉有别的意图。

偷偷抿着嘴笑的人

让人感觉到他的优越感。这种人可能容易轻视他人,而且丝毫不加掩饰,是独善其身的人。

鼻息发出笑声的人

做任何事情都惜力,多数人都比较吝啬。跟这种人打交道需要特别留意,否则会吃大亏。

发出咻咻笑声的人

平常应该是温顺的人,是谨慎保守的老好人,会在别人背后帮忙。假如故意这么笑的话,就有嘲笑人的因素。

常恭维地假笑的人

是一种阿谀别人的举动(称为迎合行动),带有"我会服从你"意味的笑脸,表示心怀不安或是有担心的事。

行为心理　Behavior Psychology
睡姿暴露出女性的小秘密

　　女人的睡姿蕴含着许多不为人知的小秘密，女人的性格千回百转，仅靠平时的接触，一般的交往闲谈是难以琢磨清楚的。

　　据有关研究表明：女人的睡姿可以暴露其不为人知的一面。例如手呈索物状，有的女人睡起觉来手总是呈现出想要抓住什么或者索取什么的姿势，这种睡姿的女人索取的欲望极度强烈，也许只有贪得无厌这样的词语才能形容她。占有欲极强的她，或许是对于以前没有得到的东西耿耿于怀，或者是对于生活的不满，对于物质的渴望等等情况。

　　如果女生喜欢让你把头靠在她的肩膀上入睡，说明她是个母性很强的人。这对于大大咧咧的你是件好事，她会把你的生活打理得妥妥帖帖，让你不用担心被琐事困扰。可如果你是独立性很强的人，她的母性往往会让你感到厌倦，你甚至会感觉她进入"黄脸婆"的角色太快。

　　很多女人在表面上看起来很坚强，但是隐藏在内心深处的软弱却让人看不透。细心观察你爱的她怎样入睡，让你对她了解更多。看女人睡姿，了解女人性格。

仰着睡

仰着睡的女人一般都比较温文尔雅,心胸宽广,善良大方,容易与人交往。没有心理负担,总是相信新的一天就是新的开始,心胸坦荡,不会小心眼。

右侧卧

就睡姿来说,这是最适合也是最正确的睡觉方式。右侧卧的女人对于自身以及别人的要求特别苛刻,什么事情都循规蹈矩,正正规规,从来不做没有把握的事情。

左侧卧

把心压在下面,把自己隔绝起来,任何人都触碰不得,对于受过的伤总是难以忘怀。而且她很善于隐藏自己的悲伤,外人无法看穿她。

趴着睡

潜意识的把自己能够掌握的一切都控制在自己的手里,压在自己的身下。害怕失去也是其最突出的性格,永远都不服输,固执地展示着属于自己的坚强。

蜷缩睡

这样的女人一般都是缺乏安全感的,容易孤单。现实生活中会表现的极度柔弱,依赖性极强,对于许多男人来说是致命杀手,尤其是自大的男生。

大字睡

没心没肺的一类,早上起来被子一定在地上,假小子就是其最突出的特点,做起事情风风火火。对友情爱情极其重视,却时常由于自己的忽视而失去,是最易受伤的一类女人。

07

行为心理　Behavior Psychology

从点菜可以看出性格缺陷

性格是人们在现实生活中显现出的某些一贯的态度倾向和行为方式，而个性特征的形成与环境、教育、社会和遗传因素有着密切的关系，因此点餐习惯也能暴露一个人的性格特点。

在日常餐饮中，明眼人从一个人的点菜就可以看出其性格来。其实，朋友之间相互请客吃饭是很普通的事，而在饭前，能对酒桌上的人有个大致了解并据此决定在酒宴上和今后如何进行交往，对你的帮助也是很大的。

不少人请客时，会先点好菜式，然后根据饭桌上的情况随时调整。这样的人通常小心谨慎，做事情先为大局考虑，但有时也显得保守、传统，不好接近。还有人习惯先问一圈别人的意见，然后开始点菜，这类人通常比较灵活、注重细节，但有时略显拘谨。还有一些人，拿到菜单先把自己爱吃的点上，他们通常性格直爽、做事果断，不会伪装、不喜欢小家子气的举动，跟他们交往也无需故弄玄虚。

点菜过程中，你可以细致观察每个人的细微动作。每个人，都有属于自己独特的性格，想更加深层次的了解自己，总结出自己个性，先从点菜方式入手吧。

只点自己想吃的菜

这类人通常乐观开朗,完全不拘小节,他们反应敏捷,做事果断迅速,不会拖泥带水。不过他做事会比较冲动,想做就去做,不会先想清楚后果。

先说出自己想吃的

这类人性格直爽,胸襟开阔,再难以启齿的事也能轻而易举、若无其事地说出来,他们待人不拘小节,度量很大,善于原谅别人。

犹豫点菜慢吞吞

这类人做事一丝不苟,把安全放在第一位,常常会过于谨慎,导致事业裹足不前,人生在原地打转,在感情方面更容易拖拖拉拉。

点和别人同样的菜

这类人多是顺从型,他们为人谨慎持重,迁就别人,所以会对你千依百顺,这类人的缺点是欠缺个性和主见,对自己没什么信心,容易受人影响。

先说明菜情况再点

先了解菜的价格、原料、口味等情况然后才点菜的人属于自尊心强的类型,他们讨厌受别人的指挥,无论做任何事都有独到的见解,他们注重礼仪,比较理性。

视周围情形而变动

这类人个性小心谨慎,凡事会想清楚才做,而且较为灵活懂得变通,有自己的主见之余,也会体会对方的立场。

08

行为心理　Behavior Psychology
从衣服颜色看出男生内心

　　德国心理学家鲁未艾尔首创以颜色喜好进行性格判断的方法，这项研究曾风靡世界。因为色彩在服装的外观上有着难以言喻的魅力，它不仅能表现服装的质感，更能表现出一个人的个性和风度，是一个人整体形象中最具情感特征的部分。

　　一个人选择什么色彩的服装与个性有着密切的关系，因为这是和当时的心理活动状态有着一定联系的，所以，从每个人喜爱的颜色上多少可以看出他具有什么样的性格特征。

　　同时，它还能在一定程度上弥补体形和肤色的某些缺憾。男士们较喜欢冷色调和中色调，这些色调的服装，穿着显得庄重、威武、雄壮、深沉。不同职业年龄和性格的人，对服装色彩的选择也不尽一致。如青年人喜欢活泼、热烈的色彩；中老年人则热衷于沉稳、深厚的色调；医生偏爱干净明快、浅淡清爽的色彩；艺术家则多选择浪漫潇洒、富有古典韵味的仿旧色彩。

　　一个人所偏好的颜色常常代表其性格和感情的色彩，所以，通过观察一个人对服装颜色和服饰的偏好，就可以推测其心理。

喜欢白色的男人

他是个标准的完美主义者，是无可救药的浪漫迷情的男人。回忆占据了他大部分的情思，容易依着自己的感觉和情绪游走，自恋倾向颇严重。

喜欢绿色的男人

这是坦白、诚实而自然的男人，喜欢回归自然，追求平和的生活方式，不爱偏激强烈的铁腕作风，希望一切随缘，自自然然地平静过日子，企图心不强。

喜欢黑色的男人

这是最难捉摸的善变男人，他自视甚高，喜欢隐藏自己的真性情，却又会不小心流露赤子之心；他不喜欢被人了解透视，喜欢故做神秘状，他对于性有强烈占有欲。

喜欢灰色的男人

他是个思想传统而又夹带着叛逆的矛盾男人；在爱情、工作、人际关系上，若遇到挫折，在他表面上看不出异样，但内心深处却是波涛汹涌。

喜欢蓝色的男人

他希望做一个有自信、品味十足的优雅男人，但是，在他内心深处却隐藏着跳跃不安的因子，使他缺乏安全感，他经常会出现艺术家的忧郁神情，有独特见解。

喜欢咖啡色的男人

他是个阳刚味十足的男人，有自己的个性和想法，平常还算随和，但是一碰到与自己想法有差异的时刻，本质中的固执和牛脾气，马上就会爆发出来。

行为心理　Behavior Psychology

微信头像说明了你的性格

在现实环境中，我们的脸、着装和气质会透露出我们是什么样的人。而身处网络社会，头像就是我们的脸。通过头像，可以看出我们对自我形象的一种认同感。来看看这些头像都反映了我们的什么性格吧。微信上经常与各种各样的人打交道，也要懂点心理学的。你知道吗？用不同的微信头像的人，都有一些不同的性格。你想多交朋友，当别人跟你沟通时，如果你能够了解到这些性格，再针对性地进行沟通，成为好朋友的机率就会更大哦！

用"装可爱"照

往往有较强的自我中心倾向，就是有点自恋啦！其实自恋的外表透露出自卑的内心，不太能接受真实的自己。

用俊男美女照片

这种人的心理年龄普遍偏小，虽然为人很热情，但是理智较为缺乏，情绪容易大起大落。

没太刻意选择的生活照

这类人对自己的接纳度比较高，对外貌也比较有自信，不一定长得好看，但是能接纳自己的本来面目。

用证件照作头像

为人中规中矩，不敢越雷池一步，其实内心很压抑。

用部分脸作头像

自我感很强，其实很想被人认出来，用伪艺术的形式来遮掩内心的真正渴望。

童年照片作头像

总觉得过去的事物比现在美好，容易伤感，不易改变，巨蟹座偏多。

家人照片作头像

自我感很薄弱，有很强的依赖性，缺乏安全感，内心深处不愿长大，渴求庇护。

男女朋友作头像

正陷在甜蜜而昏头昏脑的热恋中，爱得不能自拔，爱到失去自我。

动物图片作头像

这种人基本上就是"铲屎君"一枚，爱小猫小狗，有爱心，内心柔软。

10

行为心理　Behavior Psychology
出轨心理是这样被暴露的

　　出轨一词，起源于20世纪90年代，由交通常用词语引申而来。铁路交通中列车的倾覆，常常是脱轨所致，后来被引用到社会中男女脱离正常的道德准则去谋求非正当的感情、性的利益。

　　这包括两个方面的内容：一、当单身男女去追求婚姻中的男女，虽然在情感上有合理性，但这也是脱离、违反人们一般在道义上的正常轨道的，被称为出轨。这一内容后来慢慢被从出轨一词中剥离，为了区别，改称"小三"或第三者介入。二、因其是借用铁路交通中两条轨道平等前进来说明夫妻关系中夫妻的关系也应该是平等向前，夫妻所构建的家庭就是夫妻这两条轨道上的列车。当家庭的三大功能出现损伤时，夫妻一方或双方，在婚外寻求与第三方来满足自身的性、情感的需求时，家庭本身的意义就不大了，人们形象地把夫妻一方或双方的行为称为"出轨"。

　　虽然男人和女人出轨比例不相上下，但是出轨前的征兆却大有不同：男人要出轨，都会躲着另一半，怕被发现，心里有愧，晚上不回家或者回家倒头就睡；女人要出轨却会经常在男人身边转，主动进攻，不停地抱怨，潜台词好似我要出轨了，你看着办吧。

　　遇到下面这些情况，你要当心了哦！

手机不离手

手机不离手就是怕你接到不该接的电话。手机既是传情工具,也像是一个手雷随时可能被人发现引爆导火索。

照镜子次数增加

爱美之心皆有,但那种由内而发的气质绝对是有什么好事发生在身上,都说恋爱让人更美丽,有了约会就更会在意自己的形象。

突然显得更恩爱

要是发现你的老公回家了,原来不做饭不买礼物,但最近给你买各种礼物,变得特别体贴,因为这时的他不是刚出轨,就是第三者刚刚跑,总之是对你有愧。

第三者话题从不评论

你的另一半看到小三题材电视剧立刻换台,充分说明他的心虚,如果你想和他就小三的话题讨论几句,出轨的他绝对会退避三舍,情感作家说因为戳到了男人的痛处。

有了新的爱好

这和喜欢照镜子差不多,若有一天你发现他有生活情趣了,有了跑步爬山的业余爱好,而且不用你陪着,这就充分说明他已经有了另一段阳光普照大地的新生活。

避免另一半身体接触

出轨的人好像都有一点洁癖,一部分原因是厌倦你了,另一个原因是对你心有愧疚,怕情到浓时露出马脚。所以假如很久没有亲热了,那就要注意了哦。

行为心理　Behavior Psychology

教你看玩暧昧还是想交往

许多女孩子都有诸如此类的经历，一个男人开始对自己表示好感，并且关系似乎在不断深入，但总是到了一定程度便无法前进，甚至莫名搁浅，无疾而终。

下面来解读男性心理，剖析这些只想暧昧的男人的心理，希望能够给女孩子们一些帮助。在变态心理学中有一条著名的原理，几乎可以贯穿于各个派系之中，这便是，动作起源于想象，而不是意志。

专想暧昧的男人其实就是这样的心理，他们多半在自己的世界里感情受挫，所以不由自主地开始美好恋情的想象，在很凑巧的时间遇到了你，便开始在你的身上发挥自己的想象成分，表现出一副要和你发生感情的姿态。其实这是他们潜意识的渴望，可能真实的对象并不是你，但在你身上他却可以轻易得到想象力的满足。

有人问过这样的问题：对于那些只想找个正式男朋友，而不是玩暧昧或找炮友的姑娘，如何判断对方的意图呢？

主动提出上床

真正喜欢你的男人,几乎不会主动提上床这事儿,更别说厚着脸皮三番五次劝说你跟他上床。两人情到深处,顺其自然就上床了。

上来就甜言蜜语

刚认识,他就直白而深情地赞美你,脸不红心不跳地讲情话,或者许下一堆承诺,那么,他要么是想跟你借钱,或者干脆是想骗钱。

上床后态度冷淡

他已经达到只想睡你的目的了,不用继续演了。遇到这种渣男,那就还是赶紧分手比较好,不要耽误青春。

不接受也不拒绝

不要觉得对方没拒绝,自己就还有希望。不给你一个明确答案,让你瞎等,就已是委婉的拒绝。

从不主动联系你

约了不出来,或者出来见面的时候,他虽然热情,对你也很好,但几乎每次都是你约的他,那他绝对没那么喜欢你。

网络聊天话比你少很多

聊天记录,他说的比你少,那么他多半没那么喜欢你,再害羞、再沉默的男人,跟自己喜欢的女人聊天时,都会舍得多打些字。

12

行为心理　Behavior Psychology
可以出卖你性格的小动作

每个人都希望了解自己，了解他人，人的心理并非琢磨不透，其实它很简单，行为心理学通过行为分析心理，让你在日常生活中逐渐了解到自己的内心深处，并帮助你分析周围人的行为和个性。拆穿一个人的内心性格，不必对方开口，只要用心观察，你便知晓对方大致是一个什么样的人，在你面前有没有谎言。

边说边笑

这种人与你交谈时你会觉得非常轻松愉快。他们大都性格开朗，对生活要求从不苛刻，很注意"知足常乐"，富有人情味；感情专一，对友情、亲情特别珍惜；人缘较好，喜爱平静的生活。

抹嘴捏鼻

习惯于抹嘴捏鼻的人，大都喜欢捉弄别人，却又不"敢做敢当"，爱好哗众取宠。这种人最终是被人支配的人，别人要他做什么，他就可能做什么，购物时常拿不定主意。

摇头晃脑

这种人特别自信，以至于唯我独尊。他们在社交场合很会表现自己，对事业一往无前的精神常受人赞叹。

常常托腮

服务精神旺盛,讨厌错误的事情,工作时对松懈型的合作对象会很反感。

摸弄头发

这是一个情绪化的,常常感到郁闷焦躁的人。对流行很敏感,但忽冷忽热。

把手放嘴上

属于敏感型,是秘密主义者,常常嘴上逞强,但内心却很温柔。

手腕交叉型

对事情保持着独特的看法,常给人冷漠的感觉,属于易吃亏型的人,稍微有些自我主义。

手握着手臂

保守派非理性的人,因为不太拒绝别人的要求,有遭致吃亏的可能。

靠着某样物体

冷酷的性格,有责任感和韧性,属独自奋斗型。

13

行为心理　Behavior Psychology

从握手窥探你的内心秘密

　　握手可以表示欢迎、友好、祝贺、感谢、敬重、致歉、慰问、惜别等各种感情。聚散忧喜皆可以通过握手来表达。握手虽然简单，但握手动作的主动与否、力量的控制、时间的长短、身体的角度、面部的表情及视线的方向等，往往都可以表现出握手人对对方的不同礼遇和态度，你也可以凭此窥测对方的心理，因而握手是大有讲究的。

　　毫无疑问，在人类进化的过程当中，双手曾经发挥了至关重要的作用。中国有句俗话，"十指连心"，这说明双手与大脑之间的联系远远超出了身体的其他任何部位。而握手也是最为常见、使用范围十分广泛的见面礼。

　　按照人们现在的习惯，当你与陌生人初次见面的时候，总是会做出一个礼节性的动作——握手。那么，握手的时候你知道应该怎样去做吗？你知道应该注意些什么吗？

在手掌搔痒

这种偷偷摸摸的行为是男人所为,当男人和刚刚认识的女人握手时,可能用食指去搔对方的手掌,这种方式很直接,不过令人厌恶。目的在告诉那位女士,你对她有性幻想。

握的时间长

你握着另一人的手,握了很长一段时间,看看谁先把手抽回来。假使对方比你先抽手,那你便晓得可以比对方更有耐力,与对方交涉时可以有较大的胜算。

握一下而已

在社交场合上,你表现得轻松自在,但内心却是实际而多疑,你不吃任何人的亏,假使别人突然变得很友善,你脑中便立即闪出小小的红色警讯。

手掌微湿润

表面上,你冷漠、平静、泰然自若,但内心却是个十分紧张的人,不过,你被教育成要隐藏任何会暴露自己缺点或心中恐惧的姿态、言语或举动。

握手很无力

很难评断你比较不在乎谁。对你而言,生活像一台蒸气压路机,仿佛要榨干你身心两方面的活力。

用两手握手

用双手握着对方的手,是因为你不遵守传统习俗或社交礼仪。有些人不太习惯你的开放作风,可能会抱怨你太过热情。

14

行为心理　Behavior Psychology

酒后看出他人的性格特点

　　饮酒文化已经深深地烙在了人类文明的发展史上，全球各地也都形成了各种独特、有趣的饮酒习俗。无论是宗教仪式，还是家庭聚会，谈起饮酒，几乎所有的人都有过切身体会。

　　现代人在交际过程中，酒作为一种交际媒介，迎宾送客时饮酒，聚朋会友时饮酒，彼此沟通时饮酒，传递友情时饮酒，酒发挥了独到的作用。

　　中国酒文化很重要，杯酒释兵权，自古以来，不论喜庆还是大日子，都离不开喝酒。在酒桌上怎么才能不喝醉，有一个安全而且不失礼节的饮酒习惯呢？还有白酒真的好难喝，为什么有的人一口就喝完了，难道真的是酒量好？

　　那么平时你喜欢喝酒吗？你喜欢什么类型的酒呢？它反映你的品味和性格喔！甚至可以看出你的社交能力。饮酒后的表现，往往体现了人的真实情况，那么饮酒后的表现如何分析性格呢？

酒后酣睡型

这种类型的人，性格随和，比较宽宏大度，不会因小事与人斤斤计较，容易与人相处，但很少与人交流。

酒后愉悦型

这种类型的人，心胸开阔，性格开朗，既有忠肝义胆，又有侠骨柔情，喜欢与人沟通，能正确面对现实，热爱生活，对未来充满信心，生活是苦尽甘来！

酒后交际型

这种类型的人，性格比较内向，平时话少，不轻易表达自己的见解，只有在特定的时间和场合才喜欢展现锋芒。

酒后倾诉型

这种类型的人性格内向，平时少言寡语，生活很不如意，自尊心很强，怕别人看不起，喝酒之后，不满的情绪就像是开闸的洪水一样倾泻而出。

酒后郁闷型

这种类型的人是心思细腻的，善于察言观色，很会关心他人。心胸比较狭窄，常因为一件小事而闷闷不乐，怕被别人耻笑也不好和别人说。

酒后骚扰型

这种类型的人性格开朗，热爱生活，是典型的现实主义者，是一个愿意把欢乐到处播散的人，平时就喜欢和别人开玩笑，喝完酒后有过之而无不及。

15

行为心理　Behavior Psychology
男生喜欢一个女生的表现

　　当女生的身边出现了一个很热情、贴心、智慧、绅士甚至害羞的男生时，你要注意了，他很有可能是喜欢着你呢。男生喜欢一个人的表现可能会有略微差异，有时就忽略了你身边优秀的男生。

　　怎样知道一个男人爱不爱你呢？女人喜欢胡思乱想，无法确定一个男人是否真心爱自己，即使恋爱也内心忐忑，怕一不小心这样的疼爱就会消失不见。如何知道一个男人是否真的爱你呢？真正爱你的男人时时刻刻都会以你为先。如果一个男人真的爱你，他会时时刻刻都将手机开着，因为他希望你在最需要他的时候可以随时找到他，也因为他爱你，所以会随时担心你，24小时开机的手机其实只为你一人而设。

　　如果一个男人真的爱你，他会巴不得将所有时间都留给你，当然除了工作之外，还有跟朋友偶尔的小聚，其他时间他都会想陪在你身边，时时刻刻都能看到你。

　　想要判断一个男人是否对你有兴趣或是喜欢你，其实很简单，不用猜心，只需从他们的一些小动作，就可以观测到你的心仪对象是不是喜欢你。

持续的关注

男生除非闲得太无聊,不然不会持续去关注一个女孩子。有很多男生非常善于给予女生一种暖男的感觉,如果他只关注你一个人,那他即使不喜欢你,也是对你很特别了。

不让你等待

男生爱玩游戏之类的很多时候都会让女生等待,但是如果他喜欢你,在没什么要紧事情的时候肯定都会秒回你,他们会时不时地看手机,怕不回你,让你等待。

长久的耐心

一个男人肯听你唠叨,除非脾气好得不行,不然肯定不会非常尊重你。遇见麻烦事情肯耐心听你说,帮助你解决,即使解决办法都被你否认,也仍旧耐心地哄着你。

默默的关心

发个信息说自己不好他就表现得很紧张,请求他为你送个药,太晚了让他来接你,他肯定飞奔而去。

你的事他都知道

男生喜欢女生,肯定会想要去了解她,懂得她,分析女孩的喜好,生日记牢,喜欢什么不喜欢什么也都会记下来,即使说过一遍他也会记下。

目光的躲避

不敢正视对方,极度想告诉对方自己的想法却缺乏勇气。在话语里不经意地提起她,其实只是想打探她的消息。

16

行为心理　Behavior Psychology

从喜欢吻女人哪里看性格

　　在现代西方文化中，亲吻是一种常见表达爱意的方式。在彼此熟识的两个人之间，相互亲吻是一种见面打招呼或者说再见的方式。

　　通常，这种亲吻表现为短暂地用噘起的嘴唇触碰脸颊，或者只是单单用脸颊互相接触。在欧洲和拉丁美洲，这是男女之间和女人与女人之间常见的打招呼方式。长辈和孩子之间也可以通过亲吻来表达感情。

　　作为一种爱情或者性欲的表达，亲吻表现为两人嘴唇与嘴唇的接触，通常会更加强烈，并且持续更长的时间。热情的情侣或配偶可能会吮吸彼此的嘴唇，或者将舌头放到对方的嘴里（法式舌吻）。带有性意味的亲吻可以是一个人亲吻另一个人身体的各个部位，在浪漫和性感的亲吻中，身体感觉是最重要的。

　　接吻是一种无法言喻的情愫，是恋人之间传递情感、夫妻之间维持爱情的桥梁。无论是男性还是女性，都期望和相爱的人深情相拥，给予对方一个热烈、深情的吻，无论是温柔的还是激情的，都给人心灵和肉体上的快感。

　　你知道吗？从男人亲吻的部位可以看出他的性格哦！

亲吻她额头

亲吻额头让人感觉到一股青涩的感觉，喜欢亲吻女人额头的男人大多较为保守，并且对爱人非常温柔体贴。

亲吻她耳朵

有很多男人喜欢吻女人耳朵，耳朵其实也是女性身体较为敏感的部位，在耳旁轻轻诉说情话能够勾起彼此间的情调。爱情敢爱敢恨，有很强自信心和道德观。

亲吻她嘴唇

嘴唇是最能让人骚动、敏感的部位之一，在人中、上唇的中心部位是人体最具能量的地方，亲吻或轻咬嘴唇可以促进脑垂体分泌荷尔蒙。

亲吻她鼻子

亲吻鼻子比较少见，而且很多女孩并不喜欢对方亲吻她鼻子，不过用鼻尖不断磨蹭对方鼻梁，可以算是性爱的前奏，亲吻对方鼻子点到即可，切勿多做停留。

亲吻她脖子

亲吻脖子并轻舔后颈的汗毛，容易让女性整个身体都酥软起来，随后男性的手从后背往胸前挪动，这是文艺电影的经典桥段。

亲吻她胸部

男人喜欢吻女人这是毋庸置疑的，也是必须步骤，当男人亲吻胸部时，全心沉溺在氛围中或是双腿夹抱住他的背部。

17

行为心理　Behavior Psychology

男人的身体语言暴露性格

女人总是千方百计想了解男人，了解男人最好的方式，不妨多观察一下他的肢体动作，70% 的男人心里话都得靠肢体表达！

身体语言真的很神奇！男人 70% 的心里话都得靠肢体表达！只要仔细观察男人的肢体语言，你就能从他们的动作中了解这个男人的性格并且知晓男人心里的活动，看看他是不是个值得托付终身的好男人。

他的脸上堆满假笑——他在说谎

微笑有着神奇的魔力，可以拉近人们之间的距离，让陌生的两人在瞬间变成朋友。除此之外，微笑还有着特别重要的作用。

科学研究证实，男人微笑的次数越多，对方相信他的可能性就越大，因此为了掩饰自己，男人极其善于利用微笑的魔力，他们通常在说谎时堆满假笑。

发现假笑并不难，一般真实微笑的持续时间在 2/3 秒到 4 秒之间，当男人的微笑持续时间超过 6 秒时，他肯定对你有所隐瞒！

他的语速突然加快——他没把握

语速突然加快，多半说明他对所说的话毫无把握！在潜意识中，当男人遇到不想谈的话题或者是被发现了某些事实的时候，男人会有"但愿时间赶快流过"的想法，他希望倾听者能立即结束这一话题，以此终止自己的尴尬和不安。

轻摇头——对你有意思

在母亲喂养婴儿时,婴儿需要左右摇摆脑袋,以获得更多乳汁。如果男人在与你谈话时,无意识地摇头,研究发现,这个强烈的心理暗示往往是爱情开始的前奏!

轻擦耳朵——开始走神

轻擦耳朵的手势表示动作人正试图阻止他们已感到厌烦的对话。小学生在课堂上坐烦了,会下意识地用手堵住耳朵,然后借机跑开,而摩擦耳朵是这一肢体语言的成人版本。

他的日常驾车方式

男人所开的汽车及开车方式都反映出他的床上表现。男人驾车习惯会表明他对自己的性幻想程度,开那种鲜红的跑车,表明男人自我困扰且没有自信。

他平时的吃相

吃也反映了男人的性生活状况。喜欢吃,并且吃得有滋有味,这种男人非常会享受性生活。如果他狼吞虎咽吃下所有食品,未经细嚼和品味,这也意味着他将如何在床上对待你。

"尝试"新爱爱方式

性学家说,伴侣们对于在床上的方式,有的愿意有的不愿意。如果他有新的想法,何不尝试一下呢?你可能从中能得到更大的兴趣!

他的饮酒习惯

喝啤酒的男人容易交往,但也会在社交和性生活上显得不成熟,使性生活缺乏趣味。那些喝干白葡萄酒的男人是最有创造性及温柔的情人,他们会给你带来最强烈的性体验。

18

行为心理　Behavior Psychology
透过手势解读其行为心理

　　人的种种心理都能从千姿百态的手势中体现出来，可见手所具有的重要作用。通过手势我们可以对一个人的性格特征和心理状态有一定程度的了解，仔细认真地观察，你会发觉这其中也是大有学问的。

　　手指不停地动弹

　　一个人的手指若不停地动弹，多表示他目前正处在一种非常紧张的状态中，感到无所适从，他想借这种方式来转移自己的注意力，以缓解紧张。

　　用指尖轻敲桌面

　　用指尖轻敲桌面，并发出清脆的声响，暗示这个人可能正陷入某种思维困境，或是在思考解决问题的办法，或是还处在犹豫之中，不知道某个决定是该下还是不该下，也有可能是这个人不耐烦，想通过这种方式来减轻内心的压力。

　　十分有力量的手势

　　一个人如果经常做出让人感觉到十分有力量的手势，说明这是一个十分有魄力和勇气，凡事敢做敢当、能承担一定责任的人。这样的人做事大多干脆利落，不拖拖拉拉，一旦想做就会付诸行动，而且有一定的韧性和毅力，不会轻易放弃。

用手遮挡嘴巴

说谎者在说谎时,可能会下意识地用手遮挡嘴巴。而当你说话的时候,对方有用手捂着嘴巴的动作时,你应该立刻停下来询问对方的想法。

手指放双唇间

将手指放在双唇之间的动作,可以有效缓解内心的压力。当对方做出这个动作的时候,说明对方此时此刻的心理压力很大,也可能在说谎。

将手背在身后

将手背在身后总是给人一种权威、自信和力量的感觉。我们经常在巡逻的警察、巡视的领导和授课的教师身上看到这样的动作。

双臂交叉胸前

这是一种典型的防御性动作。当人们做出这样的举动时,是将自己不喜欢的人或事物统统挡在外面,他们在转达拒绝、否定和防御的意思。

双手叉在腰间

这是一种典型的主导意识的表现。当人们双手叉腰时,撇向外侧的双肘就像武器一样,不仅可以占据更大的空间,还能够起到威慑他人的作用。

不停摩擦手掌

摩擦手掌的含义非常丰富,不同的摩擦速度,反映了人们不同的心理状态。摩擦动作快,表明心中非常期待;摩擦动作慢,表明心中举棋不定。

19

行为心理　Behavior Psychology
从步伐节奏分析人的性格

　　走路是我们每天都要做的事情，似乎就像我们呼吸空气一样平常，走路会藏有什么玄机呢？其实，这里面的奥妙可大着呢！

　　走路速度比较快，通常五指伸得笔直的人是个认真而严肃型的人，这种人属于言出必行的类型，在工作或学习上，这种人也是遵规守纪，对自身要求颇高的。如果用这样的态度来对待爱情则略显得太正经了一点，这种过于严谨的态度很难给恋人轻松愉快的感觉。

　　走路速度一般，手掌常自然地握成拳状的人是个富有行动力的人，这种人最讨厌拖泥带水或纸上谈兵。而且这种人有着一腔正义，敢于仗义直言，会是很受人欢迎的类型。这种人勇于表现心中的爱，对于爱情的追求也如同个性一样有股豪气。

　　走路速度比较慢，五指自然微微弯曲的人是个自律甚严的人，这种人对朋友、同事或亲人都十分宽容。有的时候，这种人的性格会显得有点怯弱，实际上，他心里却绝对有主见、有思想，是个能成大业的人。在爱情方面，这种人更注重的是精神层面，往往喜欢稳定而持久的爱。

不拘小节型

走路步伐随便,没有规律,有时昂首挺胸,有时双肩紧缩,这种人性格乐观大方,慷慨豪爽,并有创业激情,但要学会理财,不与人争执,才能成大气。

拖着鞋子走

拖着鞋子走路的人,抑或说是鞋跟磨损较严重的人,缺乏积极性,不喜欢变化,此外也无特殊才能,在命运方面容易受阻。

脚步轻快地走

走路时样子一副悠闲自得的人,一般他们身体健康,充满活力;处事公正,绝不会以私害公;行事以不愧于天地为原则;受人欢迎,人际关系颇佳。

横冲直撞型

这种人走路急速但不稳,不管在什么地方,有人无人,都是横冲直撞,不顾后果,性格急躁,冲动有时不计后果,但为人直爽、坦白,对朋友忠心耿耿。

稳步缓行

最理想的走路姿态,就是重心在下,脚步稳缓,态度从容,如大船之行于巨河。走姿如此,自信从容,即使遇到困境,也能化险为夷。

脚不着地地走

走起路来,脚不着地,显得轻浮无劲。这一类人做事不扎实,总是草草地了事;经常做出虎头蛇尾的事,使自己信用扫地;家庭中常有纠纷。

行为心理　Behavior Psychology

男生点赞背后的六种含义

　　一个女生和男生认识的时间不长，约大半个学期。两人不同班，接触也不多，课上女生与男生说话，男生基本不回但会笑，平常两人在路上遇到也基本不打招呼，最长的一次接触就是 QQ 聊天……

　　可男生对另一个同样情况的女生却没有这样，这个女生不常发朋友圈，但几乎大部分男生都会点赞，比如说，某天发条朋友圈说自己丢三落四的问题严重，又把水杯丢了，得到一个赞和评论，第二天发朋友圈说找回来了，现在很开心，得到一个赞。

　　上面故事说明，随着社交软件的发展，点赞逐渐成为人们生活中的一部分，但在不同的点赞背后也有着一些不同的含义，你想知道他给你点赞的确切含义吗？下面帮您分析分析。

　　爱开黄腔

　　他大概对所有人都这样，所以你们进一步交往的可能性接近于零。不过呢，如果有一天他传了一张"那种"照片给你，也不要太惊讶，因为他真的在心里把你当潜在炮友哦。

　　对朋友圈你的照片按赞

　　够明显了吧？他就是好喜欢好喜欢你啊，而且还自以为不会被发现。

对你上传的美食照点赞

要么是他真的很喜欢你给美食加的滤镜，要么是他真的饿了，或许是就是为了吸引你的注意。

给你极度无聊的冷笑话点赞

他真的很喜欢你，想要接近你，因为这种无聊的谄媚不是人人都能做到的。

他短时间秒赞你的每一张照片

点赞狂人来也！一来他觉得你很美，二来他真的很闲，知道自己没机会又想引起你的注意。

在你发布留言下与他人争论

他就是个闲着没事干的人，真的不是因为喜欢你才来帮腔的。或者是看到你与别人的互动吃醋了。

在抱怨工作压力的动态下给你加油

他想和你单独约会，希望两人有进一步的认识。如果他私信给你加油，约吧，他真的喜欢你！

他会专门帮你的性感照片点赞

雄性动物的基础本能。说明你的好身材，确实很性感，对他真的很有吸引力。

生活魅力来源启邦

D6G专业致力于高档皮革制品如时尚真皮手袋
的研发及生产
对产品专业化和高品质的追求
造就了启邦今天的发展
"让产品至情至美，带给客户更好的体验"
是启邦的追求
D6G是启邦结合多年经验和敏锐市场触觉
呕心打造的自由品牌

销售心理学
Sales Psychology

  销售,是销售人员与客户之间心与心的互动。

  销售人员不仅要学会洞察客户的心理,了解客户的愿望,还要掌握灵活的心理应对方式,以达到销售的目的。客户有着自己的想法并作出相应的决定,而想法随时都会随着心情和外部环境的改变而改变。如何才能顺利打开客户的心门,不是仅靠几句简单的陈述就能够实现的。灵活的心理策略是必要的。客户的消费心理需要引导。销售就是察言、观色、攻心!

  了解客户的心理需要懂点儿心理学,修炼自己的心理也需要懂点儿心理学。

  销售要懂点儿心理学:了解心理学,洞察客户的心理;学习心理学,提升销售的技巧;掌握心理学,赢得客户的青睐;善用心理学,增加成功的筹码。

  成为优秀的销售人员,从懂点儿心理学开始!

销售心理　Sales Psychology
消除客户害怕受骗的心理

著名心理学家马斯洛认为,安全感是人类保障自身安全的需要,也是仅次于生理需要的基本需求。

基于惯性,熟悉的东西往往会给我们的心理带来安全感,而购买行为则意味着将打破我们原来熟悉的平衡感,它在为生活引入新鲜感的同时也引入了一定的风险和担忧。尤其是在如今的市场情况鱼龙混杂,假冒伪劣产品层出不穷的情况下,客户都有害怕上当受骗的心理,因此安全感成为客户的第一购买需求。

许多销售员会产生这样的疑问:为什么每当面对签单时,客户会显得犹豫不决呢?这其实很简单,因为客户在下决心作出重大决定前,必须认真地考虑风险问题。这些风险主要包括:产品质量不尽如人意;价格高出其他同类产品;使用效果不如宣传的那么好;对购买结果不满意,但是并不能得到补偿等。假如此时销售员急于求成,反而容易加重客户害怕上当受骗的心理负担,这样很有可能使之前的努力功亏一篑。

那么,销售员该如何消除客户害怕上当受骗的心理呢?

外在形象给予客户安全感

销售人员在与客户见面时要注重个人的衣着打扮,树立良好的外在形象。要知道,个人的外在形象是赢得客户信任感的最直接、有效的手段。

凭借专业能力让客户放心

要让客户有安全感,我们就必须加强自身的业务能力,使自己变得更专业。对产品和行业了解得越透彻,我们的信誉度和能力也就越高,客户才能放心地从我们手中购买产品。

坦诚告知可能存在风险

销售人员有时候担心把产品介绍得太详细会打消客户的购买热情,实际上,我们应该跟客户说明这些风险,坦诚告知,不仅包括产品的优点,还有产品的注意事项,这才是真正高明的销售技巧。

不可忽视肢体语言

作为销售人员,在对客户进行提问时,应模仿顾问的风格,而不是检察官的风格。得体而恰当的肢体语言能帮你拉近与客户之间的心理距离。

一定给客户吃定心丸

强有力的保证书是客户的定心丸,它能够帮助我们与客户轻松签单。销售人员可以为客户提供一份可靠的承诺书或者保证书,从而转移客户的风险。

消除客户担忧

销售员要想获得谈判的成功,一定要明白客户寻求安全感的心理,凭借已经在客户心中建立的信任,通过各种方式及时消除客户的担忧。

销售心理　Sales Psychology
给你带来成功的交易心理

　　管理学家在分析日本汽车制造商为什么在与美国同行的竞争中明显领先的原因时，发现二者在管理时存在一个明显的不同之处：美国厂商看起来非常关注在生产线上出现故障的可能性，为了避免故障产生的不利影响，厂商会使生产线运行得很慢来避免因故障而停产；日本厂商则采取了截然不同的方式。当生产有效率地进行时，他们会一直加快生产进度直到发生故障。然后，厂商集中研究故障的原因，并制定预防措施。积累一段时间之后，厂商会找出生产过程中的薄弱环节，并通过改进来提高效率和质量。

　　由此可见，美国厂商把出现故障当作是失败，并尽力避免这种失败。而日本厂商却将生产中出现的问题当作是学习和提高的机会。这是两种不同的管理哲学和生活方式，伴随而来的则是完全不同的结果。

　　适用于制造业的经验同样也适用于交易，在遇到挫折时，成功的市场参与者总是找出自己的弱点，并从失败中去学习。而失败的市场参与者则处处避免出错，从而失去了学习的机会。

提高交易技巧

记住,成为赢利的交易者是一个旅程,聚精会神学习技术分析的技艺,提高自己的交易技巧,而不是仅仅把注意力放在交易输赢多少上。

执行交易纪律

如果你的交易方法告诉你应该做一笔交易,而你没有执行,错过了一笔赚钱的机会,只能作壁上观,这种痛苦要远远大于你做了一笔交易但是最后赔钱所带来的痛苦。

人生经验影响认识

已往的经验塑造你对交易的认识。如果你做的第一笔交易就赔了,那么你很长时间内不再涉足该市场,甚至一辈子也不碰那个交易品种的几率是很高的。

学习新的知识

要想在交易中成为赢家,你必须学会去感知那些大多数人所视而不见的机会,你必须挖掘那些对成功交易必不可少的知识。

不能自大骄傲

自大和因赚钱而产生的骄傲会让人破产。赚钱会让人情绪激昂,从而造成自己对现实的观点被扭曲,自我感觉越好,也就容易受到自大情绪的控制。

良好的教育背景

教育经历对塑造交易者看待交易的方式产生重要作用。正规的商业教育能够让你在了解经济和市场的大体状况时具有优势,但是,这并不能保证你在市场中赚钱。

03

销售心理　Sales Psychology
一眼看穿在你面前的客户

微动作，揭开隐藏在外表下的真实心理。"不识相""死脑筋"的特征是什么？看不到别人的微动作，做事费力不讨好。"高情商""万人迷"的秘诀是什么？善于研究并利用微动作，可以轻松搞定一切。你知道吗？在日常沟通中，只有7%的内容是言语沟通，绝大部分属于非语言、微动作的范畴，这能帮助你更好地了解他人的内心活动和真实想法，营造良好的人际关系。

不同的动作有不同的心理：

高兴。人们高兴时的面部动作包括：嘴角翘起，面颊上抬起皱，眼睑收缩，眼睛尾部会形成"鱼尾纹"。

伤心。面部特征包括：眯眼，眉毛收紧，嘴角下拉，下巴抬起或收紧。

害怕。害怕时，嘴巴和眼睛张开，眉毛上扬，鼻孔张大。

愤怒。愤怒时，眉毛下垂，前额紧皱，眼睑和嘴唇紧张。

厌恶。厌恶的表情包括：嗤鼻，上嘴唇上抬，眉毛下垂，眯眼。

惊讶。惊讶时，下颚下垂，嘴唇和嘴巴放松，眼睛张大，眼睑和眉毛微抬。

轻蔑。轻蔑的显著特征就是嘴角一侧抬起，显出讥笑或得意笑状。

双手习惯性地插入裤兜

当客户保持这个姿势时,并不是为了装酷,而是警觉性较高的表现。这类人一般具有较深的城府,性格方面偏内向、保守,不轻易向人表露内心的情绪,不善言辞。

一手插裤兜,另一只放身旁

这类客户性格复杂多变,在对待他人的时候,态度会随着自己的情绪而变。这类客户自我保护意识很强,给自己装了一道"防火墙",这类人的人缘一般都不是特别好。

曲背弯腰、站姿略显佝偻

一般来说,这种客户的性格属于比较封闭、保守甚至有点自闭的类型,他们自我防卫意识非常强,经常惶恐不安,他们对生活很难抱有较大的兴趣,精神上也非常消沉。

双目平视站立

这种站立姿势非常标准,表明这种客户自信心充足,会让人感觉气场很强。这类人通常比较注意个人形象,如果客户在保持这种站姿则说明他们属于乐天派。

双手置于臀部站立

这种客户有非常强的自我意识,一般都具有出色的领导能力。但这类人的缺点就是有时主观性太强,甚至可以称得上顽固。因此销售员需要用足够的耐心来对待这类客户。

双手握于背后站立

一般具有较强的纪律性,看重权威,在工作方面认真负责,最不能容忍的就是欺诈、隐瞒等行为。对于新观点和新思想比较容易接受,但这类人的缺点就在于他们遇到事情时的情绪波动会比较大。

04

销售心理　Sales Psychology
向客户报价千万别那么快

顾客能够接受的价格是多少，愿意在多高的价格水平下获得你提供的价值。

哈佛商学院有一门课，让大家先读十多页的成本数据，然后要大家对三个产品定价。学生们花了很多时间，分类计算了各种成本，设想了各种成本定价模型。第二天上课，学生们花费了 90 分钟的时间，演示各种定价程序并进行了严密论证。下课前，教授说："你们都错了，你们定价的时候不要只看成本，价格来自市场的承受力。然后，需要测算在这个价格水平下要耗费多少成本才能创造与提供这份价值。只有在价格与成本之间存在很大差额，即存在利润的情况下，你才能下定决心生产与提供这份价值。否则，你可能只是赔本赚吆喝，一败涂地。"

在筛选商机的时候需要考虑定价，因为价格决定了你的商品与服务能否被顾客接受，你能否赢利。那么确定顾客心理价位的技巧有哪些呢？

永远不要先报价格

价格只有在客人喜欢上我们的产品之后才有意义,现在很多的导购却犯"兵家大忌":主动报自己的底价。

报价前先介绍产品优势

正式报价前,一定要争取先向客户介绍产品优势。这样做的好处很明显:一是可以让客户增进认识;二是为正式报价"预先铺垫"。

推断客户心理价位再报价

只要有可能,营销人员都应该在报价前,争取多介绍产品优势,同时了解客户相关信息,从而科学推断客户心理价位,再给出合理报价。

客户说"钱没带那么多"

一些很有可能成交的客户,突然表示"钱没带那么多",我发现这样的客户还真不少,也许是实情,但很多是借口。遇到这种情况,最好的处理方法就是尽量留定金。

不要惧怕客户投诉

导购看见客户拿着衣服,甚至摔在桌子上,来投诉要求退货的时候,有的导购就害怕,结果没有处理好,在店里站着吵架,生意、形象受到不良影响。

抓住顾客求新动机

有一类顾客在咨询的时候大都带着一种追求时尚、奇特的产品的猎奇心理。我们自己出售的产品属于哪一种应该心里都有数,我们在给这类顾客介绍的时候一般着重介绍产品的款式、色泽。

销售心理　Sales Psychology
大部分中国人的消费心理

目前是消费模式多元化的飞速发展时期，消费理念的升级让"绿色消费""健康消费""个性消费"和"新奇消费"等更高层次的消费形式逐渐走入寻常百姓的生活。新款的"苹果"等电子产品已经成为年轻人必备的潮品。

网购、团购作为流行消费模式，正引领着新潮流，无公害蔬菜、绿色有机、健康食品被越来越多人青睐。通过个性化定制、自定义改造来满足自身喜好和需求的消费模式也日渐兴起。

大众消费不仅要看价格，也要看品质。这个多元化消费的时代正从方方面面满足人们多角度、多层次的差异性需求，使消费变成前所未有的方便和享受。心理学研究发现，人们常常对自己的能力或行动过于自信，比如大多数人都觉得酒后开车可能会出车祸，但是自己喝了酒以后却是可以控制住的。而损失规避是指，相同的一样东西，人们失去它所经历的痛苦要大于得到它所带来的快乐。

因此，吸引消费者的一个重要手段是了解消费者的消费心理，那么，国人的消费心理是怎样的呢？这需要了解中国人普遍存在的消费心理。

面子心理

中国人最大的文化特征是讲面子,体现在商品购买的时候,很大程度上也是面子心理作祟。

崇拜权威

国人崇拜强者、权威,所以才会有很多所谓的"大师""神医"招摇撞骗。掌握了这个特征,在销售话术上力所能及地加上权威吧,很好用的。

炫富心理

过去国人都怕露富,炫富是这几年才兴起的一种销售心理学特征。炫富,是现代年轻人,特别是富二代们的普遍心理,最典型的说辞是:"不买最好的,只买最贵的。"

随大流心理

从众心理是销售心理学上中国人的一大特征,对客户说:"大家都有了""大家都给孩子买了""大家都给老人买了",对于没有买的客户是具有心理暗示和很大压力的。

优惠心理

大部分国人还不太富,所以优惠心理是销售心理学上的一大特征。而且当客户能成功"杀价"的时候,还觉得很有面子。在和客户谈判的时候,多少要留有余地,最后通过优惠促进交易。

人有我有心理

这种心理和炫耀心理有些相似,但不同之处是产生的人是相对不富裕者。因此,当你将客户的攀比对象已经买了该产品说给他听的时候,他会毫不犹豫地购买!

销售心理　Sales Psychology

销售潜规则中的几条铁律

为什么你的口才很棒，业绩却一般？为什么你的产品一流，却始终遭到拒绝？为什么你频频拜访客户，却还是离成交差了一步？

相比于销售过程中的其他因素，一个人对销售的思维方式更能决定销售的最终结果。友善、微笑、热情、积极、沉着、自信，这会使得销售更为容易。在销售之前，人们都会通过不同的方式来调节自己的精神状态。成功的方式之一就是做好充分的事前准备，这其中包括想好如何在第一时间内接触到顾客。

你的成功是建立在你的自信基础之上的，而你的自信又是建立在你的准备工作之上的。要有必胜的信念，要让自己的思想指导成功之道，并持之以恒。"我想我能，我一定能"，你才能成功！

以下从销售心态、给客户的印象、与客户沟通等几个方面生动活泼地阐述了销售中相应的潜规则与应对措施，让销售员在轻松阅读中有所收获。

杀价中的五个潜规则

绝不先开价,谁先开价谁先死;
绝不接受对方的起始条件,谁接受谁吃亏;
杀价必须低于对方预期目标,不杀是傻子;
闻之色变法,让对方感到他的要价太吓人了;
选择随时准备走人,逼迫对方仓促下决定。

把货卖到顾客脑子里

顾客要的不是便宜,是感到占了便宜;
不与顾客争论价格,要与顾客讨论价值;
没有不对的客户,只有不好的服务;
卖什么不重要,重要的是怎么卖;
没有最好的产品,只有最合适的产品;
没有卖不出的货,只有卖不出货的人;
成功不是运气,而是因为有方法。

创业者每周必做的 13 件事

瞄准一个方向,激励团队;
传播价值观;
至少 75% 的时间花在产品上;
分析数据,强健体魄;
吸取反馈建议;
离开办公室接触真实世界;
微博交友,掌握现金流;
站在投资人角度衡量自己的工作;
保持快乐,热爱你身边的一切。

遇到顾客抱怨怎么办?

怀有同理心;
仔细聆听抱怨内容;
表示感谢;
并解释为何重视他的抱怨;
有错,为事情道歉;
没错,为心情道歉;
承诺将立即处理,积极弥补;
提出解决方法及时间表,请对方确认;
做事后的满意度确认。

07

销售心理　Sales Psychology
几个小动作助你提升自信

　　自信,就是一个人对自己能够达到某种目标乐观充分的估计。自信对一个人确实很重要,拥有充分自信心的人往往不屈不挠、奋发向上,因而比一般人更易获得各方面的成功。可以说,自信意味着已成功了一半。

　　然而遗憾的是,缺乏自信的人仍随处可见。研究显示,人们之所以缺乏自信,有的甚至自卑,原因很多,但有一点可以肯定:这完全是后天形成的,与先天无关。因此可以这么说,是人们自己把自己搞得没了自信,从而影响了自己的成功与前途。还是那句话:最大的敌人是你自己。

　　身体的动作虽细微,却能影响你的"精气神"。

　　拍拍对方的肩膀或后背

　　适当的身体接触,可以表达善意和亲密。别人说得好,拍拍他的肩膀或后背,可以传达出你的欣赏和支持,也表明你是有主见的自信者。

　　双手放到口袋外

　　感觉不舒服或不自信的时候,我们可能不知不觉地将手插入口袋。因此,与人说话时一定要把手拿出口袋。

双眼直视前方

"低头看脚"会让人觉得"我不想与你过多交流"。因此,提醒自己养成"抬起下巴、双眼前视"的习惯。

挺胸站直身体

这是保持自信的重要方法,会让你精神饱满。平时可对着镜子,强迫自己双肩后拉、挺起胸膛。

走路大步流星

自信者走路时绝不会鬼鬼祟祟、偷偷摸摸。建议你走路时步子迈大些,会让你看起来更果断、处事不惊。

握手有力

有气无力的握手"像握住了一条死鱼",让人反感。握手一定要有力度,这是自信的表现。

打扮整洁清爽

整洁的衣着、干净的面容等,都能让你看上去自信又干练,为你的成功交际助上一臂之力。

保持微笑

自信者通常能笑对一切。因此,常把微笑挂在嘴边,对提升自信度和拉近人际关系,都大有帮助。

销售心理　Sales Psychology

几个很准的社交心理现象

　　平常被认为怪异的行为或许恰恰就是最有用的心理技巧，人的心理十分复杂，既有特性又有共性，每一个行为的背后都隐藏着神奇的心理奥秘。

　　身在职场，每个人都要参与社会交往，职场人际关系的好坏，对每个人来说都是很重要的，因为只有获得健康和谐的人际关系，才能够拥有一个愉快的工作环境，从而提高工作效率，为个人和企业创造更多的价值。

　　有些人在社交中，往往爱用不信任的目光审视对方，无端猜疑，捕风捉影，说三道四。如有些人托朋友办事，却又向其他人打听朋友办事时说了些什么，结果影响了朋友之间的关系等等。

　　人是高级动物，人类的一些行为与想法有着奇妙的关系。了解一下社交心理，对于销售大有裨益，举例如下：

越害怕的事情越容易发生

所有越是害怕的事情就会越容易发生。就因为害怕发生，所以会非常在意，注意力越集中，就越容易犯错误，这就是著名的墨菲定理。

炫耀源于内心的不自信

心理学上认为，"爱向别人炫耀"是一种内心需要被关注、被肯定的表现，很可能是因为某种东西自己不常有，一旦拥有，希望借以外界的羡慕来建立自信。

悲伤眼泪含有害物质，强忍等同自杀

人悲伤时掉出的眼泪中，蛋白质含量很高。这种蛋白质是由于精神压抑而产生的有害物质，压抑物质积聚于体内，对健康不利。专家研究发现，眼泪可以缓解人的压抑。

高智商男性对伴侣更忠诚

根据进化学者研究结果，对伴侣比较忠诚的男性平均智商水平 103，而不忠诚的男性平均智商为 97。越是智商高的男性，越珍惜两性关系的专一性。

要经常锻炼记忆力

把短期记忆转变为长期记忆，重复是非常重要的。要记忆 10 个数学公式，每个公式重复 5 次的效果，远不如将 10 个公式整体记忆一次，然后再整体有意识地重复 5 次。

利用潜意识的力量

每天至少花 10 分钟在起床前、睡觉前想象，这两个时间段是输入潜意识的最好时段。如果你渴望成功，运用你的潜意识渐渐让你通过想象产生信心。

销售心理　Sales Psychology
销售淡季提高销量的秘诀

　　在竞争激烈的现代社会里，除非你有能力利用别人，要不你就会被别人利用；而且如果你创造不出被别人利用的价值，你就会被淘汰。因此要养成学习的习惯，一个大学生如果每天不学习新知识，每天浑浑噩噩过日子，那十年后他就会变成一个小学生，相反一个小学生天天有计划地学习，那十年后他就是一个大学生。说到这里大家觉得职场真的有想象中那么难吗？不是。只是没有"同行高手"带你玩，没有正确的做事和学习方法！

　　销售是跟人打交道，进门很容易，只要是人，不傻，不太笨，好像都可以做，但做得好的非常少。相同的产品，不同人去销售，结果也不太一样，这是人的差距。销售是关系到企业生死悠关的事，销售不好，公司的服务再好，都没有意义。华为的老板任正非讲过一句话："华为的产品不好又怎么样？什么是核心竞争力？客户买我的而不买你的就是核心竞争力。"所以，销售人员谈单能力非常重要。

　　在销售过程当中，如何才能更有效地使我们销售顾问的技能在短时间之内得到提高呢？

任何问题都有应对话术

收集客户的问题并一起讨论出合理的答案，如果在以后和客户交谈的时候能运用自如，肯定有利于成交，而且这样也能更好地提高我们销售顾问的自信心。

了解客户的需求

通过收集客户的问题，了解他们的大致需求，在以后的促销活动当中我们应该加入些什么元素来提高客户的邀约以及成交率。客户的问题可以反应客户的内心。

打好销售基础

了解客户问的问题并想到了应对方案以后，可以和大家一起来分享，以后碰到类似的问题就心中有数了，这样就会很好地提高客户的成交率，团队的整体战斗力将会提高不少。

了解目标客户特征

通过收集客户的问题，我们可以分析出，针对本品牌，客户们最喜欢问的问题到底有哪些？通过这样的问题，我们可以大致知道客户的群体特征是什么样的。

了解市场动态

对于产品有了解的客户，肯定做过购买前的功课，这些客户的问题可以反应出真实的市场行情及市场状况，方便管理层做相应的战略以及促销方面的调整。

利用求廉心理倾向

这是以追求廉价商品为目标的购买心理。此类消费者，往往具有较强购买能力，她们的收入水平趋于最高，消费商品的覆盖面最广。

10

销售心理　Sales Psychology
销售中你可能没注意的点

如果你问一个成绩斐然的销售人员："是什么让你不同于一般的销售人员？"你很可能会得到一个语焉不详的回答，甚至得不到任何答案。坦白说，他自己可能也对真正的答案不甚了了，因为对于大多数成功的销售人员来说，他们所做的事情再自然不过了。

谦逊　人们往往认为顶尖销售人员爱出风头、自高自大，但测试结果恰恰相反，91%的顶尖销售人员在谦逊方面的得分处于中高水平。而且，结果还表明，虚张声势、好卖弄的销售人员错失的客户远远多于所赢得的客户。

有责任心　85%的顶尖销售人员拥有很强的责任心，可以说，他们拥有强烈的责任感，尽职尽责，为人可靠。这些销售人员对待自己的工作极为认真，而且对工作结果高度负责。

好奇心　好奇心是指一个人对知识和信息的渴求。82%的顶尖销售人员在好奇心上得分极高，与表现较差的同仁相比，顶尖销售人员天生拥有更强的好奇心。

不气馁　只有不到10%的顶尖销售人员容易气馁，经常被消极情绪打倒。相反，90%的顶尖销售人较少或只是偶尔出现消极情绪。

销售员的人格

作为公司线下推广的主要"载体",销售人员不仅要在着装、言谈、举止等外在形象上得体,更重要的是要有健全的人格。千万不要让客户感觉你油腔滑调,这会有损公司品牌形象在客户心中的地位。

做自己情绪的主人

销售每天都需要用技巧来提升自己的情绪感染力。日复一日的单调工作,变化无常的市场容易压抑销售人员。保持激情,做情绪的主人!

产品给客户带来的实际价值

无论是推广什么类型的产品,永远要记得你是为客户解决问题,是去和合作伙伴平等地交流,而不是强制性地去说服他们购买你的产品。

被拒绝后的心态感应

被客户拒绝是销售经常遇到的问题,这种情节贯穿于电话交流、登门拜访,所以要根据情况先了解被拒绝的原因,明确之后再选择性地继续跟进或是干脆马上放弃。

产品的优劣势比较

熟悉自己所推销产品的优劣势是一个销售员最基本的业务能力。但如果你能把同类竞争产品的优劣势进行对比,并且有条理地进行交流,那么成交的概率会大大增加。

公司品牌效应的形成

按理论来说,在一个常规的市场,打造企业品牌需要先做好产品和服务,然后再配合相关的营销推广,经过一段时间积累之后才会慢慢形成品牌效应。

11

销售心理　Sales Psychology

做销售要知道饭局潜规则

　　从古至今，中国都是一个讲关系，讲人情的社会。摆脱不了这一现状的中国人，只要办事，先想到有没有关系。

　　一想到关系，首先想到的是饭局，饭局在中国承担了太多的功能，从来没有哪个国家如中国这般，每个人的社交往来、人生成败，都与饭局有着千丝万缕的关系，甚至整部历史与政治都能与饭局联系起来。官场、商场、名利场、请托办事、联络感情、商场搏杀、权钱交易，凡有人处，就有饭局！所以懂得饭局里的潜规则，显得尤为的重要。

　　饭局不是万能的，没有饭局是万万不能的。有效的饭局攻略，助你左右逢源、进退自如。实用的酒桌圣典，帮你运筹帷幄马到成功，中国饭局的全新诠释，潜规则的活学妙用，让你在推杯换盏间游刃有余，于觥筹交错中如鱼得水。

　　在中国，办事吃饭是常事，但是这样的饭局往往是不好应付的，诸多的潜规则等待你去体味。为了不出丑，办成事，有些东西还真不学不行。

座次

座次是"尚左尊东""面朝大门为尊"。若是圆桌,则正对大门为主客,主客左右手边位置,则以离主客的距离来看,越靠近主客位置越尊,相同距离则左侧尊于右侧。

点菜

如果时间允许,你应该等大多数客人到齐之后,将菜单供客人传阅,并请他们来点菜。作为公务宴请,你会担心预算的问题,要控制预算,你最重要的是要多做饭前功课。

吃菜

客人入席后,不要立即动手取食。而应待主人打招呼,由主人举杯示意开始时,客人才能开始,客人不能抢在主人前面。要细嚼慢咽。

喝酒

酒桌上你不得不注意的小细节。
细节一:领导相互喝完才轮到自己敬酒。敬酒一定要站起来,双手举杯。
细节二:可以多人敬一人,决不可一人敬多人,除非你是领导。

倒茶

首先,茶具要清洁;
其次,茶水要适量;
再次,端茶要得法。

离席

一般酒会时间很长,如果中途要走,一定要像邀请你的主人说明、致歉,千万不可一溜烟跑掉。

12

销售心理　Sales Psychology

打动六类客户该说什么话

俗话说："林子大了，什么鸟儿都有"。接触的客户越多，客户量越大，碰到的客户类型就越多。在多种多样的客户中，有的客户一遇到销售人员就会对其产生敌对情绪，产生反感。

顾客的敌对情绪其实是一种很正常的心理表现，毕竟没有人喜欢别人从他口袋里掏钱。敌对型客户容易情绪失控，而且显得不可理喻。

针对敌对型客户，不能马上离开，也不能以牙还牙，最主要的是与他们交朋友，同时，还要时刻保持镇静，以平静的语气讲话，待客户冷静下来再讨论客户关心的问题并提供解决方案。

怀疑敌对型客户疑心很重，他们的说辞往往让销售人员难以回答。

以下我们介绍顾客心态分析法（SONCAS），能迅速分析顾客个性，教你第一时间问对问题，不再一开口就"踩雷"。

追求安全感的顾客

这种追求安全感的顾客希望由有专业经验的销售人员来服务。因此成交的关键就是展现专业性，让顾客信任你，他才会买你的产品。

追求优越感的顾客

这类顾客希望买到的是种高人一等的骄傲感。相较于你的专业，他认为自己才是专家，遇到这种顾客时，你应该尽可能的赞美他，甚至称赞他。

追求亲切感的顾客

他对于买东西纯粹是凭着个人感觉，他会试图想要和你建立销售以外的关系，甚至如果投缘，会主动帮你介绍顾客。所以，你要跟他建立好关系，成为他的朋友。

追求舒适感的顾客

这类顾客喜欢可以轻松上手的产品。碰到这种类型的顾客，你要推荐的产品首选就是要减少使用上的困难度，甚至做好产品设定，让他可以只按一个开关就能使用。

追求超值感的顾客

这类顾客砍价的功力比你高。但是，这种顾客不是不能花钱买高单价产品，只是怕吃亏，所以你要让他有物超所值的感觉。

追求新鲜感的顾客

他们总是在寻找新的事物。面对这样的顾客，你必须满足他们对新产品的需求，及时提供新款商品。

13

销售心理　Sales Psychology
放下你外表的自卑和偏见

　　并不是每个销售员都长得美长得帅，在我们销售的过程中，会遇到很美很帅的顾客，这时我们心里头的自卑感会出来。对外表的自信度和接受度很大程度上决定了我们的选择，我们的工作，我们如何对待孩子，如何生活，如何面对世界。

　　外表是天生的，也是父母给的，所以你可以从其他方面提升自己，让自己自信。比如：提高素质修养、气质，打扮自己，提升自己的魅力。

　　很多人的自卑感源于长相、身材，即外在。不能接受真实的自己，就无法自信。那如何放下对自己外表的自卑呢？

　　在销售的这条道路上，我们一定要能快速地调整自己的情绪，销售工作的业绩怎么样靠的全是你的实力，不管长相如何，销售员的气质与众不同！

承认就是看"脸"的世界

事实上,由于潜意识的原因判断,我们的大脑远远没有想象中那么理智客观,我们短时间内或者初次见面时很容易对长相相对出众的人产生更多积极方面的联想。

放下对自己外表的偏见

放下对完美外表的执着,不去放大缺点,承认和发现自己外表的优点,那是你变得自信的开始。

全心去接纳不完美

我们眼中别人的缺点,几乎都是我们自己内心中缺点的投影。那些被你压抑的消极特质和想法,有可能会在你意料不到的时候突然爆发出来,伤害你周围的人。

内在的动因才是根本

对外表有强烈自卑感的人,童年和少年时代要么长期受到否定和压力,要么曾经造成心理创伤。要真正地消除对外表的自卑,就必须从内在出发,全新接纳自己,才能真正改变。

学会从"小目标"做起

当一个人多次碰壁、屡遭挫折之后,很容易觉得自己无能,产生自卑,做任何事情都怀疑自己。因此要确立合适的目标,从小事做起,一步步干自己能干的事情。

坚持每天都进步

这样人生才会有价值,每天的生活也就变得很充足。通过努力逐个阶段地去实现,这样心里才会踏实,每天过的当然就是自信的生活。

14

销售心理　Sales Psychology

销售要有麻将高手的精神

　　销售的技巧身份不是最重要，重要的是你对销售工作是不是热爱。很多人会问，有些人每天工作十几个小时，全国各地到处跑，做演讲，做业务，累不累？这时我就要反问一句：你打麻将的时候累不累呢？打麻将熬夜两天两夜也不会觉得累，为什么呢？因为你喜欢！

　　同样，对于销售，你是不是把它当作你的一项事业，当作一个你喜欢的东西。当你把销售当作为一项工作时候，那你可能就会觉得它很难。这里我们并不是鼓励大家去打麻将，而是在鼓励你在销售中学习麻将高手的精神。

不服输的劲头

　　打麻将的人知道就算是最后一把也还有机会，永不放弃，只要还在桌子上就还有希望，大家同意吧？赌鬼们临走之前说：晚上再来！明天再来！或者下次再来。启示：希望大家凡是在做销售出现心理问题的时候，想想打麻将的精神能不能在销售工作中体现，如果能够体现说明你达到了中等销售人员的水平，如果达不到这个境界，则还是初级销售员。

适应环境能力强

打麻将的人不挑剔环境和条件,有希望就会坚持努力下去。有条件要打,没有条件创造条件也要打。启示:工作中会遇到各种各样的问题,销售人员遇到问题后就积极想办法解决它,不要总是抱怨环境或别人如何不好。

专注于自己的工作

打麻将的人都知道在关键时刻肯定是不接电话的,因为一接电话就会严重影响他们的状态,最后不能达到赢取牌局胜利的效果。启示:你能进入这种忘我的工作状态吗?

乐于接受他人建议

打麻将的人都十分乐意听听旁边观战人的建议,以便调整自己的战略和方法。启示:当我们在工作中失去方向感时,可能会听不进去别人的意见,如果你常遇到这种情况,那就得审视自己了。

一定会斗志十足

打麻将的人个个精神抖擞,有些可以连续"战斗"十几个小时。启示:在工作中,业绩差的人如果也有这种不怕辛苦的精神,你还会愁业绩不好?还会担心老板不给你加薪?

善于换位思考

打麻将的人有一个特点:盯住对家、看住上家、管住下家。对于他们需要什么牌以及在想什么都要揣摩,这实际上是一种换位思考。另外,打麻将的人不会抱怨别人如何,只会在自身上找原因。

善于总结,归纳经验

每次打麻将结束后,总是首先清点统计本次的得与失,失算了哪些关键策略。启示:一天工作结束后,你是不是应该总结这一天的得与失,在后续的工作中进行改善?

15

销售心理　Sales Psychology

改变抱怨心态的训练方法

在生活中，我们的身边充满了各种各样的抱怨：抱怨孩子不懂事，抱怨家人不体谅自己，抱怨付出多、薪水低，抱怨上级不公平，抱怨公司制度不合理，抱怨人生不如意……有的抱怨是我们说给别人听的，有的抱怨是别人说给我们听的。但是，几乎没有人抱怨过自己：我为什么会有这么多的抱怨呢？

抱怨就像思维的一种慢性毒药。在我们大脑中毒的同时，我们的人生态度、行动被"抱怨"这种强烈的毒性感染。在抱怨的生活中，我们的意志不断受到消磨，就像可以"溃堤"的蚂蚁一样，精神之堤瞬间被生活的洪水化为乌有。

抱怨使人思想肤浅、心胸狭窄，使你与公司的理念格格不入，更使自己的发展道路越走越窄，最后一事无成，所以说，抱怨的最大受害者是自己。

这个世界没有卑微的工作，只有卑微的心态。与其抱怨，不如埋头实干，努力改变自己，做一个不抱怨的实践者。

在面对不利的环境或者难题时，我们为什么不能把困顿当作是一种磨砺呢？在工作中，对工作的结果负责也是对自己的薪水负责，更是对自己的前途负责。

每日一定反思

我为什么要抱怨？我从抱怨中得到了什么？我自己有什么地方需要改进？一味地抱怨会使人的思想摇摆不定，进而在工作上敷衍了事。我们每天要积极地反思来改变。

尽心尽力尽善

不是别人对你不公平，而是你不够努力。想得到自己理想中的公平，最好的方法就是用努力改变现状，用事实证明自己，把困难当成对自己的挑战。

正视自己定位

正视自己，为自己准确地定位。你会发现，在生活中演绎好自己的角色才是最美好的事情。

提高自身能力

对于员工来说，重要的不是公司，也不是职位，而是停止抱怨，提升个人能力，拿出令人信服的业绩。全身心地投入到工作中去，便能更好地提升自身素质，完成工作。

一定少说多做

要想不抱怨，唯一的方法就是让自己行动起来。只有在工作中充分挖掘自身的潜能，才能在公司的发展中实现人生的价值。

发现全新自己

改变自我，发现全新的自己。你会看到，每天都充满笑容的自己，从而明白抱怨之外的世界更美好。

销售心理　Sales Psychology

内向的人更容易做好销售

性格内向的人也许结交不是很广泛,但他们在工作上却有着外向人无法企及的长处。

研究发现,内向害羞大多与生俱来,而且,性格内向的人在工作中更容易成功。性格内向的人更容易获得成功,许多人认为这是一种谬谈,因为在大多数人眼中,成功人士一般都能言善辩,面对大众侃侃而谈,那就必然代表成功吗?其实不然,虽然内向的人结交不是十分广泛,不过据调查显示在工作成功的人士中,内向成功者大大高于外向性格,为什么呢?

他们很敏感

内向人的敏感既是他们的优势,也是他们的劣势。内向的人做的事和处于某种严肃关系中需要敏感的时候,则是优势。因为他们能够深入地感知,对于领导者而言,这是宝贵的财富,因为他们能够周到地考虑到下属的需求。

他们总是在倾听

每个人都知道内向的人特别安静，特别是和一大群人在一起，这尤为突出。那他们和一大群人在一起的时候做什么呢？其实，他们是在倾听。内向的人能够做在一大群互相聊天的人们中间，同时收听不同的谈话。

他们善于观察

内向的人不仅仅是一个很好的倾听者，他们还会特别注意他们的环境和周边发生的事情。因为他们善于观察，他们能够注意到他人的成败，并选择去做那些让他们成功的事情，规避不能做的事情。

他们会斟字酌句

内向的人不会轻易地参与公开的讨论。如果他们被迫要参与到讨论中，他们可能会结巴，内向的人总是在倾听，思考在谈话中说什么。

他们认真考虑事情

内向的人不会未加思考就着手去做。他们天生就谨慎，会尽可能地提前准备，因为他们不希望突然看到不好的结果。对于想要招聘一个有头脑并会提前做准备的人的机构来说，这是非常有价值的一个特点。

他们有自知之明

内向的人尤为有自知之明，往往想的是别人怎么看他们的。大多数内向的人希望被认真地对待，因此，他们会认真地想他们做得如何。他们不太会去参与任何会让他们感到尴尬或让他们的雇主感到尴尬的活动。

他们有创新力

内向的人比外向的人更自省，能够花费数小时思考不同的事情，这并不稀奇。内向的人更善于思考，这也使得他们更有创造力。他们总是在想象，在联想。

17

销售心理　Sales Psychology

客户为什么不喜欢接电话

如果在凌晨两点钟的时候，我打电话给你，把你从睡梦中吵醒，你愿意吗？这个问题，我问过不少于 100 个人，只有不超过 5 个人愿意接到这样的电话。

如果我再问，凡是在凌晨两点的时候接到我电话的，将获得 5000 元的奖金，你愿意在凌晨两点钟的时候接到我的电话吗？所有人都希望快点举行这样的电话送奖活动，甚至会承诺凌晨 2 点之前保证不会睡觉。

为什么会这样？

理由很简单，因为在第一种情况下，我打电话给你，你会觉得这是一个麻烦，而第二种情况下，我打电话给你，你会觉得这是一个带来切实利益的机会。

我们打电话给他们时，只询问了我们自己感兴趣的问题，却不去关心客户所关心的问题，自然是难以激起客户的交谈兴趣的。这样客户肯定不会喜欢跟你沟通，换做是我们，也肯定不会愿意的，所以换位思考也是很重要的。

就像你在读这篇文章一样，如果对你的实际工作没有任何益处，如果这篇文章写的是如何参加高考获得高分的方法，你还会继续往下读下去吗？肯定不会。

无法激起客户的兴趣

很多销售,每次打电话给客户时,开口闭口都谈买卖的问题。客户不是销售,不像我们整天都在考虑问题,所做的所想的都跟生意有关。

没有给客户带来利益

人们只对关系到自己切身利益的事情投入精力去关注。
你如果一直从你自己角度去考虑问题,跟客户就不可能产生共鸣。

给客户带来压力麻烦

就像前面半夜里打电话给客户的案例一样,我们的销售在打电话给客户时,总是爱追问客户考虑得怎么样,客户在面对这样的问题时,是很难回答的。

你打电话的时间不对

在客户开会的时候,忙着工作的时候,正吃饭的时候,午休或周末睡懒觉的时候,或者心情很不好的时候,你刚好打电话,客户心里肯定不爽,不骂人就已经算是礼貌了。

你的电话毫无创意

每次开头都是先做自我介绍,然后再询问考虑得怎么样,从来没有改变一下说话的方式和内容,你打了几次电话之后,客户已经熟悉了你说话的套路。

沟通技巧很重要

有的客户喜欢直接,有的则非常讨厌"单刀直入",就要靠经验和洞察力,如果了解对方性格,会有助沟通,如果能洞察客户心理,那你可以当销售总监。

18

销售心理　Sales Psychology

销售就是读懂顾客的心理

奥格·曼狄诺说过:"在一分钟内读懂了客户的心理,你的销售就成功了一半。"

作为一名合格的销售人员,你要明白一点,那就是无论从价值链还是市场和企业生存的角度去看,客户都是上帝。你要想客户把一掷千金的劲头都用在你的身上,你就要首先想办法博得客户的一笑,把你的客户当成上帝一样伺候。因此,想要伺候好你的上帝,就要先明白上帝的想法——不仅你认为客户是上帝,而且客户自己也会这么认为。

利用客户随波逐流的心理又称为"推销的排队技巧"。比如,某商场入口处排了一条很长的队伍,从商场经过的人就很容易加入排队的队伍中。因为人们看到此类场景时,第一个念头就是:那么多人围着一种商品,一定有利可图,所以我不能错失机会。这样一来,排队的人就会越来越多。

对于销售,我们要用心地对消费者进行说服,只有销售者不断深入了解消费者的心理,进行有效说服,才能在与消费者的博弈中游刃有余,从而赢得属于自己的那份业绩。

你的消费者都很喜欢跟风

从众心理在消费过程中,也是十分常见的。因为好多人都喜欢凑热闹,当看到别人成群结队、争先恐后地抢购某商品的时候,也会毫不犹豫地加入抢购大军中去。

你的消费者都十分爱面子

"抹不开面子"是人们普遍的一个心理弱点,希望通过赞美来赢得客户的订单,就更应该抓住这个弱点。当你给足客户面子时,客户就会用钞票来回报你了!

你的消费者都想成为会员

人人都有虚荣心,所以你的客户都想要得到VIP待遇,而推销成功与否,要看你怎样对待客户的这种心理。

你不卖客户偏要买的心理

逆反心理既会导致客户拒绝购买你的产品,相反也会促使其主动购买你的产品。

价格对客户有一定的影响

价格强烈影响着产品在销售市场上的地位,影响卖方的形象,也影响竞争对手的行为。它对购买者的购买行为有重大作用。

要恰当地恭维你的消费者

每个人都有虚荣心,包括正在购买产品的顾客。在推销过程中,若能恰当地恭维客户,就会让客户产生一种成就感。

销售心理　Sales Psychology

销售人员必备的黄金观念

　　观念决定思维—思维指导行动—行动形成习惯—习惯影响性格—性格决定命运。从这个逻辑关系可以看出最根本的源头还是观念，观念才是决定成败最为关键的因素。

　　再困难的市场也一定有机会点，只是需要我们用心去发现。此观念强调我们永远要用积极的心态去寻找解决问题的方法。

　　没有完不成销量的市场，只有完不成销量的人。此观念强调要多从自身找原因，而不是过多的强调客观因素。

　　销售是个有因有果的过程，关键核心动作执行到位了，销量自然水到渠成。此观念强调要正确认识销售的本质，要真正意义上理解销售工作的流程。

一定相信你自己能赢

一定要相信你可以赢，你就一定可以赢。此观念强调的是我们在做任何事情的时候都要树立必胜的信心与坚定的信念。

团队的能力是无限的

个人的能力是有限的，团队的能力是无限的。此观念强调要通过团队的配合去战胜困难，最终达成业绩目标。

换位思考是唯一法宝

很多时候我们需要站到对方的立场去考虑问题，这样的沟通才会有效果。

职业道德比能力重要

不论各行各业，职业道德才是我们"安身立命"的根本。

用事业的心态做销售

用做事业的心态去做销售，我们就会真正寻找到销售的快乐源泉。

永远保持正向思维

正向思维就是在碰到看似不可能解决问题的时候永远思考解决问题的方法。

20

销售心理　Sales Psychology

如何培养消费者的信赖感

在销售关系中最重要的工作就是建立跟客户之间的信任，也就是发展你的"信用债券"来培养客户对你的信赖感。

心理学家发现人跟人之间信赖感的建立，运用间接争取的原则比直接要求更有效果。因此，首先我们谈到间接效用定律，不要直接地把你的焦点集中在产品、服务上，要将你的思考方向集中在你客户的身上；其次要深入看透顾客潜意识深处的需求。唯有他们的需求被满足，他们的自信心跟自我价值才会提升。同时，间接地他们也提升了对你的信任，但顾客间的需求是什么呢？

那么建立信赖感最有效的方法是什么呢？简单地说就是多问多听，尽量聆听，因为聆听引起信任，聆听建立自我价值，聆听减少排斥，事实上你花多少时间注意到某人就相当于你对这人的评价。你专心聆听时，客户就觉得你重视他，就不会存有一般人对销售人员排斥的心理了。

用微笑接纳客户

他们需要被接纳,所以你要接受你的客户,以笑容表明你接纳的心情。

用赞美表示认同

他们需要你的赞同,认同他们所说的,以赞美来表示你的认同。

用谢谢表明态度

他们需要你的感激,时常以"谢谢"表明你心存感谢的态度。

赞赏他们的生活

他们需要你的赏识,开启你的心胸,诚意地赞赏他们生活中的一切。

千万不要去争辩

他们需要你的认同,千万不要跟他们争辩,任何事物都要欣然同意,永远赞成顾客。

强化"口碑效应"

老顾客会推荐他人购买从而增加新顾客。企业对熟悉的有丰富消费经验的老顾客的服务更有效率、更经济。

生活魅力来源启邦

6是一个数字，也是一个符号
6也代表了人类的第6感
每个人都与生俱来拥有"6感"
只是当视见、听闻、嗅觉、触摸、品味时
希望所有认同D6G品牌理念的人们
从心出发追求自己真正的理想情感
每一天都用心去感受生活
发现生活魅力

色彩心理学
Color Psychology

用色彩的力量变得更加美丽、更加健康。

身穿有色彩的衣服,享用有色彩的食物,居住在色彩当中。

在日常生活中,我们似乎并未特别留意这一点,但假如我说,实际上我们一直在无意识地用色彩来表达当时的心情,大家会不会感到吃惊呢?

大家在选择色彩的时候,就显露出了身心的诉求。

选择婴儿粉衣服的那天,可能是感觉到了某种压力,因为粉色是舒缓紧张、让肌肤变得美丽的色彩。想吃蛋炒饭,可能是心中想摄入黄色或橙色的力量,而黄色和橙色是可以把能量带给身心的色彩。

本章教你进一步知晓色彩包含的意义,进一步知晓平素一直无意识打交道的色彩的意义,了解如何从色彩中得到力量,就一定能因为生活的丰富多彩,使我们的"现在"与"将来"乐趣倍增。

色彩心理　Color Psychology
用色彩改变他人眼中的你

如果世界上只有黑白两种颜色，相信心情也一定不是黑，就是白。善于运用色彩心理学，学会色彩搭配来改变自己在他人眼中的形象，也是职场人士的一种需求。工作服的黑灰蓝带入生活的话，容易加重压力和低落的情绪。

在色彩心理学的基础上，分析一下关于多种颜色在人们心理所代表的形象与特色，在职场中的你，应该利用周末或派对时间，来改变一下他人眼中的你。

红色——热情主动

醒目的红色，是热情与主动的代名词。很多时候性格活泼的人都会选择红色的服饰，而且，红色又被定义为领导者的代表颜色。鲜艳的红色十分适合女性出席派对或者约会的时候穿，可以展现女性魅力的同时，还能让人改变对你一贯的印象。

粉色——温柔体贴

为什么粉色会被看作是公主的颜色呢？正因为粉色柔和而粉嫩的感觉会让一个女性看起来更加温柔、体贴、善解人意，给人一种爱撒娇、可爱的形象。因此，在适合的年龄阶段适当地运用粉色，比较合适参加联谊会或约会。

黄色——幽默而理性

黄色给人的视觉冲击十分强烈。通常在发言、演讲等场所适当地运用黄色,可以增加人气以及增强说服力。

绿色——沉稳温厚

如果你和性格内敛、温顺的朋友见面,不妨尝试穿戴绿色的衣服或者饰物,这样会让对方更容易对你敞开心扉。

蓝色——诚实爽朗

给人爽朗的感觉,对方会觉得你这个人很诚实,并且可以让人感觉心神安宁,带来心理上的安慰程度很高。

紫色——神秘高贵

紫色寓意着神秘、个性、高贵,给人带来一种难以捉摸的神秘感,如果你想让对方猜不透你,不妨先在心理上让他对你好奇。

黑色——性感超凡

黑色给人带来性感的感觉,相反,也会带来威严的感觉。人们要拿捏好黑色的使用,如果使用太多黑色,容易让人觉得你难以亲近。

白色——文雅纯净

白色在视觉上会带来一种纯净的感觉,而在心理上,也会形成一种白色是文雅、纯洁无暇的象征。

02

色彩心理　Color Psychology

女性恋爱时的色彩心理学

　　女人一旦恋爱，就会变漂亮。这是因为女人恋爱后，身体内会分泌出提高皮肤代谢和促使肌肤光洁的荷尔蒙。再加上心情愉快，自然看起来比平时漂亮。

　　薰衣草色或紫丁香色等淡紫色可以促进女性荷尔蒙的分泌，使女人变得更漂亮、更温柔。此外，女人陷入恋爱后，大多会喜欢上粉红色。粉红色不仅和淡紫色具有同样的效果，还能使女性变得更温柔。不过，如果过多使用粉红色，看起来会很孩子气，因而要特别注意粉红色的使用比例。实际上，与外表的美丽相比，更重要的是加强内涵的修养。

　　女人谈恋爱后，还要注意内衣的颜色。也许有的女性朋友会说："刚谈恋爱，就叫我注意内衣的颜色，是不是太早了？我还没有和男朋友发展到那种地步。"所说的注意内衣的颜色，并不是叫女性穿上颜色性感的内衣去取悦男朋友。其实，与皮肤直接接触的内衣，对女性肌肤的健康会产生很大的影响。

　　女性内衣选择粉色或淡紫色比较好，不过对皮肤健康最好的还要数白色内衣。白色可以阻挡对皮肤不利的光线，透过对皮肤有益的光线。反之，只图性感，经常穿黑色内衣，其实会对皮肤造成很大的伤害。黑色能吸收光线，长此以往会加速皮肤老化。因此，不管谈不谈恋爱，只要女性想保持健康、美丽，就要注意一下内衣的颜色。

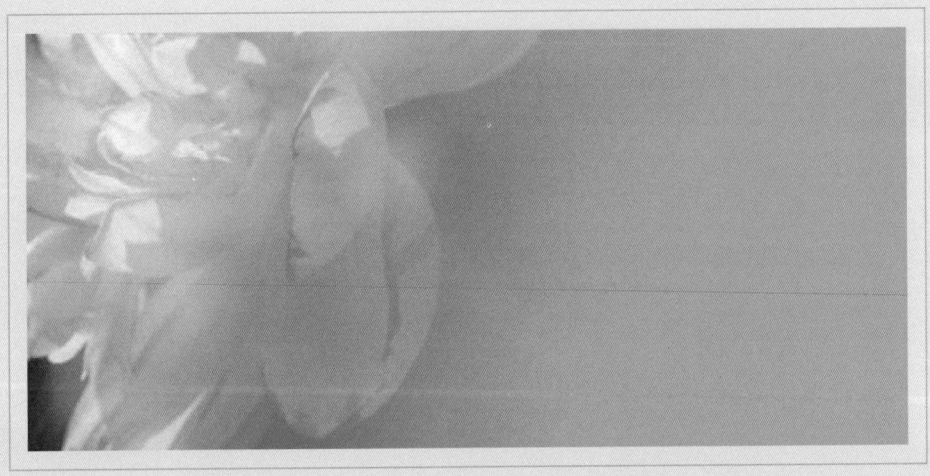

不要穿白色

约会时，人都会紧张，白色衣服会让对方觉得自己冷淡，想说的话都无法准确表达出来，稍微有点不妥。

不要穿藏青

约会时，藏青色衣服也最好不要穿，否则会给人一种固执的印象。避免不好的颜色，选择适合自己的颜色，穿出自己的个性。

男生穿红色

不怀好意的男性会穿红色衣服出场。红色具有使人感情兴奋、情欲膨胀的心理效果，而他们的目的是第一次约会就把异性带回家。

男生穿绿色

喜欢绿色的男人社会意识比较强，做事认真。他们的好奇心强烈，却很少积极采取行动。因此，他们大多时候都会等待女性先开口。

男生穿橙色

喜欢橙色的男人，是积极的行动派，他们争强好胜、不服输，一旦产生一个想法，就会贯彻到底，有时会勉强自己做一些事情。

投其所好

了解了对方喜欢的颜色后，就可以投其所好，穿衣服时选择他喜欢的颜色，这也是拉近彼此距离的一种策略。

色彩心理　Color Psychology

产生色彩心理差异的原因

产生色彩心理差异的原因很多,如人们的性别、年龄、性格、气质、健康状况、爱好、习惯等等。此外每个国家、每个民族的生活环境、传统习惯、宗教信仰等存在差异,因此产生对色彩的区域性偏爱和禁忌。

性别产生的差异

男性性格一般较为冷静、刚毅、硬朗、沉稳。喜好的色彩一般多为冷色,喜爱的颜色大致相仿,色调集中褐色系列,并且喜好暗色调、明度较底的中纯度色彩,但同时喜欢具有男性有力特征的、对比强烈的色彩,表现其力量感。

女性性格一般较为温婉,通常喜好表现温柔和亲切的、对比较弱的明亮色调,特别是纯度较高的粉色系。但是女性喜爱的颜色各不相同、色调较为分散,但多为温暖的、雅致的、明亮的色彩。紫色被认为是最具有女性魅力的色彩。

年龄产生的差异

出生不到一岁的婴儿,由于视网膜没有发育成熟,大都喜欢柔和明亮的色调。儿童性格活泼,充满好奇心,对红、橙、黄、绿这类鲜艳的纯色色调的刺激很感兴趣。青年人喜欢的色彩跨度很大,从充满活力的纯色到强壮有力的暗色,都是年轻人喜欢的色彩。

中年人的心里更期待宁静、恬淡的生活氛围,喜欢稳重、恬淡、温和的色调。老年人的心理期待健康、喜庆、热闹,因此喜欢平静素雅的色彩和象征喜庆的红色。

历史差异

由于某种历史的、社会的原因，一种颜色会具有特殊的寓意和象征性。例如我们中华民族历史上长期以来尊崇黄色，视黄色为权力的象征。

民族差异

一个民族的文化思想、伦理信仰，直接影响了他们对于色彩的选择和使用。因而色彩承载了民族的文化信息，同时也验证了其文化哲理。

地区差异

在中国等东亚、东南亚国家中，认为红色表示喜庆，表示赤心和忠诚，是繁荣幸福的象征；而在西方国家，认为红色是不吉利的。

文化差异

在中国，常把白色作为丧事用色，认为白色是悲哀、凄凉的色；而在大多数西方国家却喜欢用白色的结婚礼服，代表纯洁。

性格差异

人们由于性格类型的不同对色彩的喜好和心理感受是不相同的。一般性格外向、活泼的人喜欢明亮且高纯度、对比强烈的色调。

信仰差异

很多阿拉伯国家、信仰伊斯兰教的国家，则尊崇绿色。他们的国旗、寺院装饰上都使用绿色，绿色寓意战争的胜利、神的眷爱。

04

色彩心理　Color Psychology

透过色彩看你心底的秘密

　　一如琴键上流淌的音调和字母组成的片片文字，色彩也是构筑我们情感的因素。每一种色彩都和一连串的经验与联想有着微妙的联系。探索我们对色彩产生的情感联想是我们了解自己的途径，同样重要的是，也让我们能够向他人展示自己。

黄色：希望

　　无忧无虑和自信，没有在防御什么，它像一面隔开绝望和羞辱感的盾牌。它渴求我们的关注，有时，它的能量也会让人有压迫感。

浅红色：冒险

　　代表冒险、机智，甚至有点儿无情。我们时常会对别人的意见而过于焦虑，这时它就是强心剂。浅红色并不给人以严酷之感，它只是独立。

深褐色：尊严

　　尊严意味着无需试图给人以深刻印象。深褐色不是一种让人脸红心跳的颜色，它是舒适的阴凉处和雨天的深色土壤，不富有魅力，却让人感到由衷的好和安慰。它坚实而又可靠。

黑色：权威

　　黑色是现代世界诠释时尚与老练格调的永恒颜色。它强大，不抱有幻想，不时摆出玩世不恭的姿态。它是最不天真、最没有孩子气的颜色。它提醒着我们应该严厉一点，苛刻和果断一点，犀利而尖锐。

浅绿色：明智

给人以清新自然的明智之感。可以利用它帮助我们集中力量做点什么，而非将失败归咎于别人或者怀疑自身的力量。

深绿色：现实主义

绿色中更深更暗的区间给人以抚慰，它基于现实深思熟虑过后抱以的希望。告诉我们事情很艰难，但最糟的情况将会过去。

紫色：含糊

它神秘、含糊，又像在暗示着什么。给予人们无限"超脱"之感，带给我们一种渴望却又始终遥不可及的意境。

浅蓝色：明晰

它是活跃的色彩，无畏、欢快、跃跃欲试。从不残酷，只是充满如沐清风的善意，富于逻辑，条理清晰。

浅褐色：芳醇

这个颜色并不想吸引别人的注意。它意识到过往的时光，感受到对昔日不舍的留恋。它喜欢安静，耽于深思而又温和。

深蓝色：纪律

这个颜色关乎秩序与纪律。它告诉我们不要放弃，去调动潜在的适应能力。将观点坚持到底。强大而非冷酷，勇敢而非激烈，文雅而又指明方向。

色彩心理　Color Psychology

与生活相关的色彩心理学

身处彩色世界中的我们，会因红色而激动，也会因黑色而沉静，我们的生活与颜色密切相关。

黑色和白色的车，谁更安全？

为什么看到蓝色的汽车要特别小心？因为不同的颜色即使处在同一位置，带给人的视觉感受也是不同的。像蓝色、黑色这种冷色调，总会给人相对较远的感觉，所以跟着蓝色或黑色的车更容易追尾。而像红色或白色这样明亮的颜色，会时刻引起人们的注意，好像近在眼前，相对更安全。

在快餐店等人，怎么越等越不耐烦？

有人喜欢和朋友约在快餐店碰面，但其实快餐店并不适合等人。因为很多快餐店的室内装饰以橘黄色或红色为主色调，这两种颜色虽然有使人心情愉悦、兴奋以及增进食欲的作用，但也会使人感觉时间漫长。如果在这样的环境中等人，会越来越烦躁。比较适合等人的场所应该是那些色调偏冷的咖啡馆。

会议室里用蓝窗帘，时间过得就快吗？

建议会议室最好以蓝色为基调进行装修，如使用蓝色系的窗帘、蓝色的椅子、蓝色的会议记录本。看到蓝色的东西，会让人觉得时间过得很快，从而产生赶快将会议进行完的强迫信念。此外，蓝色还有使人放松的作用，不至于让开会的人过于紧张。

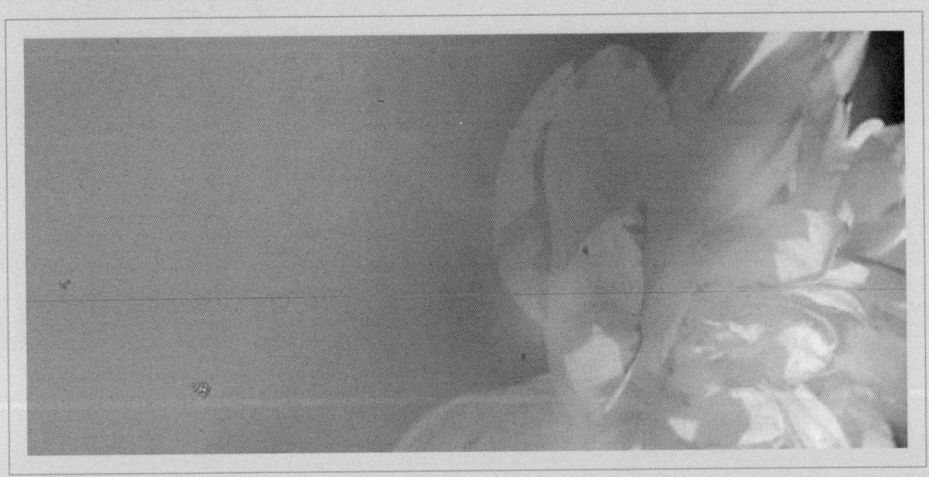

黑色更显厚重

有人通过实验对物体的颜色与重量的关系进行比较，发现相同重量的箱子，黑色的要比白色的看上去重 1.8 倍。

白色反射率高

白色或浅色对光的反射率比较高，因而冰箱表面的温度不会太高，这样就不必耗费更多的电来为冰箱降温，从而更省电。

黄色可视性高

工人们戴着黄色的安全帽，是因为黄色可视性高，可以唤起人们的危险意识。可以很好地反射光线，以减轻工人头部受阳光暴晒。

深红色容易紧张

深红色的被子睡觉，血压会不断升高，精神也容易紧张。因此，镇静效果显著的比较浅的颜色才是被子颜色的上上之选。

女性红色更性感

女性身穿标准经典红色衣服或是站在类似颜色背景前时，会让男人觉得她们更性感，更有吸引力。

男性红色更高大

从女人的感观来看，身着红色或近于红色衣服的男人会比不穿这种颜色衣服的男人有更高的社会地位。

06

色彩心理　Color Psychology
人体色与服饰色彩的关系

　　人的视觉要求在没有其他外在要求影响的情况下，是舒服的、协调的、趋向平衡的。

　　在色彩基础理论中，因为服饰色彩与人体色的正向对应关系，简单地将最为极端的四组服饰用色作为诊断用色，这四组将冷暖与轻重进行交叉组合后的色彩群，分别呈现出完全不同的视觉感受。

　　当一块暖色布放在面部下方时，视觉产生一个冷倾向的残像叠加在面部的肤色上。如果一个人是暖基调的肤色，这个冷倾向的残像与暖基调的肤色叠加后调和，其他人视觉上会觉得这个人的肤色有所改善，趋向于中性肤色。

　　相反，如果一个人是冷基调的肤色，这个冷倾向的残像与冷基调的肤色叠加后呈现更冷倾向的肤色，其他人视觉上会觉得这个人脸色特差，是否生病了。而且，根据大量调查数据统计显示，绝大多数人通常认为的"健康"肤色或"理想"肤色都集中在中性肤色区间，也恰恰验证了视觉平衡原理。

　　那么，"健康"肤色或"理想"肤色的状态就可以成为我们判断的参考。"健康"肤色或"理想"肤色会呈现自然的光泽，平滑细腻，匀整度好，就像已经打了粉底一样，五官清晰立体，脸上的黑眼圈、斑点或者瑕疵不明显，双眸清澈明亮。

春季型

皮肤白皙、通透，没有什么棕色，头发、眉毛、眼珠都不太黑，给人一种浅的色彩印象。穿着明亮的红色、蓝色的衣服都显得很漂亮。

夏季型

在两广地区比较多，很多是偏冷调的，脸色呈大米粒外壳的青色，给人一种蓝色基调的印象。

秋季型

属于暖色调，它们有一种非常厚重的橙色味道，显得成熟，而春季型显得年轻。

冬季型

特点是头发很黑，眼睛、眉毛、头发有浓重的色彩印象，肤底色是一种强烈的冷色，皮肤非常厚重。可以加强色彩风格，突出个性。

健康小麦型

黑白两色的强烈对比很适合这类肤色。深蓝碳灰等沉实的色彩以及深红、翠绿这些色彩也能很好突出开朗个性。

黝黑健康型

穿暖色弱饱和色衣着，穿纯黑亦可，以绿、红和紫罗兰为补充色。可选三种颜色作为调和色，即白黑灰。主色可选浅棕灰。

07

色彩心理　Color Psychology

色彩疗法可治愈不同疾病

　　现代社会紧张的生活节奏令人窒息，人们开始把目光转向自然，返朴归真，重新挖掘远古时代祛病保健的良方妙法。颜色疗法便是近年来一种重放异彩的古代疗法。

　　了解各种颜色的生理作用，正确使用颜色，可以消除疲劳、抑制烦躁、控制情绪，调整和改善人的肌体功能。

　　据研究，一些疾病在很大程度上是由于人体内色谱失衡或缺少某种颜色造成的。在我们体内有7种腺体中心，分布在脊柱的不同部位。每种颜色都能产生一种电磁波长，这些波长由视觉神经传递给大脑，促使腺体分泌激素，从而影响人的心理与肌体，达到医疗作用。

　　每一种颜色有其独特的作用，令人产生不同的情感。在装饰、化妆、服装和广告方面合理使用色彩可以取得宜人的效果。除了医疗作用外，颜色还有一定的象征意义和社会属性，对人类生活有着举足轻重的影响。白色象征真理、光芒、纯洁、贞节、清白和快乐，给人以明快清新的感觉。黑色则代表死亡和黑暗，令人产生悲哀、暗淡、伤感和压迫的感觉。

红色治疗抑郁症

红色的心理作用可以促进血液流通，加快呼吸并能治疗忧郁症，对人体循环系统和神经系统具有重大作用。

绿色稳定情绪

绿色可以降低眼内压力，减轻视觉疲劳，安定情绪，使人呼吸变缓，心脏负担减轻，降低血压。

紫色治疗精神紊乱

紫色代表柔和、退让和沉思，给人以宁静、镇定和幻想，可以治疗大脑疾病及精神紊乱。

黄色改善大脑

黄色被认为是知识和光明的象征，可以刺激神经系统和改善大脑功能，激发人的朝气，令人思维敏捷。

橙色促进消化

橙色令人感到温暖、活泼和热烈，能启发人的思维，可有效地激发人的情绪和促进消化功能。

蓝色改善血液循环

蓝色意味着平静、严肃、科学、和谐与满足，它经常被用来放松肌肉紧张、松弛神经及改善血液循环。

色彩心理　Color Psychology

色彩传达可产生感觉信息

人类对色彩的认知过程是物理—生理—心理的过程，对色彩的感知受到主体生活经验和文化以及环境等诸多因素的影响。

色彩与听觉

色彩与听觉之间保持着一种自然的联系，因为从物理角度来说，它们都是一种波动。不同色彩配合，营造着不同的气氛。新建的商业街因缺少人气而采用喧闹的色彩配置；而一些高档的商场，则采用极为素雅的中间色调，减少人流，营造安静、高雅的购物气氛。绿色可以降低对噪声的敏感性，特别适宜于附近有噪声的卧室。

色彩与味觉

闭上眼睛吃东西，会大大减少食物的美味程度。因为人们在吃东西的时候，不仅靠舌头的味觉、鼻子的嗅觉，还靠视觉色彩信息及埋藏在心里的记忆联想来判断味道。同一种食物，盛在不同颜色的盘子里，味道就不同。一般来说，红色、橙色、中黄色等暖色系色彩能刺激食欲。相反，冷色调的颜色会抑制食欲。

色彩与温度

人们长期接触太阳、火光，对红、橙、黄等色彩产生温暖感；人们站在蔚蓝的大海边、绿荫下或在雪地上都能感到凉爽，并逐渐形成了概念，认为绿、青、蓝色具有寒冷感。久而久之，由于经验及条件反射的作用，会使视觉变为触觉的先导。

色彩与形态

由于人的联想作用,把色和形的暗示所引起的情感介入到形与色的知觉表象中。红色与正方形相对应;黄色类似于形态中的三角形。

色彩与重量

色彩的轻重感是物体色对视觉经验形成的重量感作用于人的心理结果。决定轻重感的主要因素是明度,明度高感觉轻,明度低感觉重。

色彩与远近

产生远近感的颜色,一般被称为前进色、后退色。前进色以暖色调的明亮色为主,后退色以冷色调的暗色为主。

色彩与软硬

纯度与明度的变化还会给人色彩软硬的印象,淡的亮色使人觉得柔软,暗的纯色则有强硬的感觉。

色彩与联想

人们看到红色,就会联想到火焰;看到橙色,会联想到秋天;看到绿色,会联想到草原;看到蓝色,会联想到大海、蓝天。

色彩与温度

色彩给人的冷暖感受,虽然与色彩的光波长短有关,但关系不太大。色彩的冷暖感受主要起因于色彩的心理联想。

色彩心理　Color Psychology

时尚靓丽的服装色彩搭配

　　一般来说，读者都知道如何进行简单的颜色搭配，但要搭配得巧妙，也需费一番心思。

　　白色下装配带条纹的淡黄色上衣，是柔和色的最佳组合；下身着象牙白长裤，上身穿淡紫色外套，配以纯白色衬衣，不失为一种成功的配色，可充分显示自我个性；象牙白与淡色搭配，也是一种成功的组合；白色褶裙配淡粉红色毛衣，给人以温柔飘逸的感觉，红白搭配也是大胆的结合。

　　在所有颜色中，蓝色服装最容易与其他颜色搭配。不管是近似于黑色的蓝色，还是深蓝色，都比较容易搭配。而且，蓝色具有紧缩身材的效果，极富魅力。生动的蓝色搭配红色，使人显得妩媚、俏丽，但应注意蓝红比例适当。

　　近似黑色的蓝色合体外套，配白衬衣，再系上领结，出席一些正式场合，会显得神秘且不失浪漫。曲线鲜明的蓝色外套和及膝的蓝色长裙搭配，再以白衬衣、白鞋点缀，会透出一种轻盈的妩媚气息。

　　上身穿蓝色背心，下身配细条纹灰色长裤，呈现出一派素雅的风格。因为，细条纹可柔和蓝灰之间的强烈对比，增添优雅的气质。

　　蓝色上衣配灰色褶裙，是一种略带保守的组合，但这种组合再配以葡萄酒色鞋和花格袜，显露出一种自我个性，从而变得明快起来。

淡紫与深蓝

上身穿淡紫色毛衣，下身配深蓝色窄裙，即使没有花哨的图案，也可在自然之中流露出成熟的韵味儿。

褐色与白色

褐色与白色搭配，给人一种清纯的感觉。金褐色及膝圆裙与大领上衣搭配,可体现魅力,增添优雅气息。

褐色与褐色

褐色毛衣配褐色格子长裤，可体现雅致和成熟。褐色厚毛衣配褐色棉布裙，通过二者的质感差异，表现出穿着者的特有个性。

黑色与米色

上衣是黑色的印花，下装配米色的纯棉及膝A字裙，搭配白色条纹平底鞋，整个人看起来格外舒适，充满着阳光的气息。

浅米与黑色

一件浅米色的高领短袖，配上黑色的精致西裤，穿上闪着光泽的黑色尖头中跟鞋，将一位职业女性的专业感觉烘托得恰到好处。

黄色与橘色

黄色与橘色进行搭配时，会使肤色显得更加泛黄，缺乏生气，所以在服装色彩选取中应避免此类色彩搭配。

10

色彩心理　Color Psychology

服装色彩搭配技巧的运用

服装色彩是服装感观的第一印象，具有极强的吸引力，若想让其在着装上得到淋漓尽致的发挥，必须充分了解色彩的特性。

浅色调和艳丽的色彩有前进感和扩张感，深色调和灰暗的色彩有后退感和收缩感。

恰到好处地运用色彩的两种观感，不但可以修正、掩饰身材的不足，而且能强调突出你的优点。如对于上轻下重的形体，宜选用深色轻软的面料做成裙或裤，以此来削弱下肢的粗壮。身材高大的女性，在选择搭配外衣时，亦适合用深色。这条规律对大多数人适用，除非你身体无缺，不需要以此来遮掩什么。

有些MM总认为色彩堆砌越多，越"丰富多彩"。集五色于一身，遍体罗绮，镶金挂银，其实效果并不好。美不美，并非在于价格高低，关键在于得体，适合年龄、身份、季节及所处环境的风俗习惯，更主要是全身色调的一致性，取得和谐的整体效果。

"色不在多，和谐则美"，正确的配色方法，应该是选择一、两个系列的颜色，以此为主色调，占据服饰的大面积，其他少量的颜色为辅，作为对比、衬托或用来点缀装饰重点部位，如衣领等，以取得多样统一的和谐效果。

总的来说，服装的配色分为两大类，一类是协调色搭配，另外一类则是对比色搭配。

强烈色配合

指两个相隔较远的颜色相配,如:黄色与紫色,红色与青绿色,这种配色比较强烈。

补色的配合

指两个相对颜色的配合,如:红与绿,黑与白等,补色相配能形成鲜明的对比,有时会收到较好的效果。

同类色搭配

指深浅、明暗不同的两种同一类颜色相配,比如:青配天蓝,墨绿配浅绿等,同类色配合的服装显得柔和文雅。

近似色搭配

指两个比较接近的颜色相配,如:红色与橙红相配,黄色与草绿色相配等,整体感觉非常素雅。

低彩度颜色

职业女性参与职业活动的场所是办公室,低彩度可使工作其中的人专心致志,平心静气地处理各种问题,营造沉静的气氛。

纯度低颜色

纯度低的颜色更容易与其他颜色相互协调,这使得人与人之间增加了和谐亲切之感,从而有助于形成协同合作的格局。

11

色彩心理　Color Psychology

喜欢黑色系的人心理解析

喜欢黑色的人，从性格上大体可以分为两类，即"善于运用黑色的人"和"利用黑色进行逃避的人"。前者大多生活在大都市，精明而干练。他们一般拥有打动人心的力量，能很好地处理各种局面，他们想让别人在黑色中感觉到自己的理性和智慧。

有些人则"利用黑色进行逃避"。这类人大多很在乎别人眼色。挑选衣服时，选来选去最后还是选了黑色的人大多属于这一类人。他们害怕别人对自己品头论足，因而买衣服时常挑黑色，这样才不会太显眼。其实，这是一种逃避心理。与此同时，她们似乎也想隐藏什么。不过，这类性格的人中，有不少人非常有自信，甚至还有些固执。

喜欢黑色的人虽然有两种不同的性格，但他们有一个共同点，那就是并非从小就喜欢黑色，而是因为在成长的过程中发生了一些事情才开始喜欢黑色的。如果能回想过去的经历，锁定开始喜欢黑色的时间点，也许能找到人生中的分叉点，从而更好地了解自己的性格，把握自己的人生。另一方面，也有不少人讨厌黑色，这大多是因为黑色给他们留下了很深的负面印象。事实上，黑色的确是比较容易招人讨厌的颜色，它给人的负面印象较多，比如绝望、不幸和不安、封闭等。

黑色代表冷酷

在时装界,有不少人钟爱黑色,黑色代表着强硬和冷酷。不过,只要搭配得当,黑色衣服也可以穿出摩登的感觉。

黑色代表讨厌

喜欢黑色的女性往往不受爱神的眷顾。即使碰到了自己喜欢的异性,恋爱也大多不顺利,即使有所进展,到最后也难成眷属。

黑色代表阴暗

黑色一般是阴暗的象征,代表令人讨厌和忌讳的东西,世界很多地方都有关于黑色不吉利的传说。

黑色代表邪恶

有个成语叫"黑白分明",意思是将正义与邪恶鲜明地区分开来。黑,给人的直觉就是邪恶。

黑色增加甜味

日本料理中,经常会看到黑色的盘子,食材中有不少是黑色的。黑色有增加甜味的效果,黑色的糕点会让人觉得格外的甜。

黑色代表透明

在日本的歌舞伎世界中,黑色也得到了很好的应用。黑色代表着"透明"或"无"。

12

色彩心理　Color Psychology

色彩心理学中白色的解密

　　喜欢白色的人，态度认真、多才多艺、完美主义者居多。成年人中，纯粹喜欢白色的人很少，但是向往白色的人却很多。向往白色的人对白色的纯粹和美感怀有憧憬，因而十分偏爱白色的衣服。

　　如果你喜欢白色，这说明你一定是个志向高远的人。不论对恋爱还是事业，都抱有很高的理想和追求，而且多半是个完美主义者。喜欢白色的人会向着自己的目标努力，他们态度认真、才能出众。

　　如果你喜欢白色，但却发现自己并不够刻苦，这只能说明你多半只是对白色充满向往。选择衣服时，你一般一眼就会看上白色，你想受到大家的关注，但还不至于是"人前疯"的类型，只是希望不声不响地给众人留下印象。此外，你也许容易感到孤独，或者说善于表演孤独。总之，当人想让自己的心灵得到净化时，会想到白色。

　　此外，白色还是年轻的象征，因而人想变得年轻时也会想到白色。随着年龄的增长，女性会越来越喜欢白色，这或许是因为她们想从白色中找回逝去的青春吧。再者，喜欢白色的人大多都有一颗温柔、善良的心，而且家庭观念也很强。

　　基本上，很少有人讨厌白色。虽然有人不太关注白色或者对白色不感兴趣，但也并非讨厌白色。讨厌白色的人大多可能是因为白色会让他们联想起以前的痛苦经历。

白色易受影响

喜欢白色的人，与白色所具有的特性一样，容易受到外界的影响，而且不管是好的影响还是坏的影响都不例外。

白色代表神圣

白色在全世界都被视为崇高、神圣的颜色，因而受到人们尊敬。在古埃及，白色是神的象征；在罗马，天界的使者身穿白衣。

白色代表纯粹

白色给人一种"纯洁""纯粹"和"洁净"的感觉，与此同时也会造成"清冷"和"离别"等负面印象。

白色代表获胜

在日本的相扑比赛中，白色表示获胜。而在战争中，白色代表休战或求和，因而举白旗就表示投降。

白色吸引注意

对男性而言，白衬衫配西装是经典搭配。白色原本有引人注意的效果，但大家都这么穿，反倒不会给人留下特别的印象。

白色代表坚贞

一身白色衣服不仅象征着新娘的纯洁无暇，在日本还有另外一层含义，那就是新娘在决定离开娘家时，就已经预料到未来可能出现的坎坷，做好了不怕死的心理准备。

13

色彩心理　Color Psychology

色彩心理学中绿色的解密

喜欢绿色的人，是态度认真、礼貌有加的和平主义者，具有坚定的信念，社会意识比较强，态度认真。他们是和平主义者，和周围的人可以和睦共处，但是警惕性非常高。

喜欢绿色的人社交能力强，可以与人和谐相处，但他们在心底不愿相信任何人。虽然喜欢与人相处，但他们更希望能够在大自然中与动物一起过着恬静的生活。

喜欢绿色的人待人礼貌、个性率直，基本不会掩饰内心的想法。他们会把自己的信念表达出来，并为了信念而努力。当问到自己的信念时，一般人都不太愿意说出来，但喜欢绿色的人却毫不掩饰。

喜欢绿色的人好奇心强，但不会积极采取行动，大多时候都要等同伴的召唤再一起行动。这就是说，他们不愿当领头羊。

再者，喜欢绿色的人还很敏感，会深入思考，把问题分析得很透彻。他们不太喜欢运动，但酷爱美食，因而大多偏胖。黄绿、苹果绿等绿中带黄，与喜欢普通绿色的人相比更善于社交。

此外，喜欢深绿色的人沉着、冷静、干练且性格温厚。独生子女或者兄弟姐妹少的人有喜欢深绿色的倾向。

绿色给人勇气

当我们要做出决定，但犹豫不决的时候，穿绿色系的衣服可以帮助我们下定决心。

绿色缓解不安

当人过度劳累，出现神经衰弱的初期症状时，此时，佩带一些绿色的小装饰品，可以缓和不安的心理症状。

绿色代表稳重

容易感到孤独和总在担心的人有讨厌绿色的倾向，因为绿色容易让人孤独。绿色还给人一种稳重的感觉，因而不喜欢这种稳重感的人也不喜欢绿色。

绿色代表生命

在伊斯兰教中，绿色象征着高贵和神圣。在基督教中，绿色则代表着永远延续的爱情和生命。

绿色缓解疼痛

绿色对我们的神经系统有镇静和镇痛的双重效果，可以缓解精神上的紧张感和肉体上的疼痛感。现在，绿色还是医药学的代表色。

绿色象征和平

绿色是大自然的颜色，象征着和平、安定、稳定。绿色和蓝色、红色一样，受大多数人的喜爱，有让人眼睛放松的效果。

14

色彩心理　Color Psychology

色彩工学在产品中的作用

产品的色彩设计对提高产品的外观质量和增强产品在市场中的竞争力有着十分重要的作用。色彩可以为产品增添无穷的艺术魅力。机能相同、外形同样的一件产品，如果改变色彩，就有可能带来畅销和滞销的差别。在产品同质化到来的时代，任何产品为了促销，必须引人注目。

一件产品之所以引人注目，色彩起着比外形更强、更直接的作用。心理学有关研究表明，人的视觉器官在观察物体时，最初的 20 秒内色彩感觉占 80%，而形体感觉占 20%；两分钟后色彩占 60%，形体占 40%；5 分钟后各占一半，并且这种状态将继续保持。可见，色彩给人的印象多么迅速、深刻、持久。

工业设计色彩专家安契尔·霍金认为："色彩能直接影响人类的思维状态与心理活动，这是商品和生产销售的命脉。"在产品质量趋同化，物质生活较为丰富的现代社会中，人们更关心情感上的需求、精神上的安慰。以往冷酷、淡漠、千篇一律的"国际化"大机器制成品，也被现在色彩明快、线条流畅、充满着个性及人文精神的现代设计所替代。人们要求产品不仅能满足物质需求，更重要的是要具有一定的文化品味，从精神需求上当作人类心灵和情感的投射。色彩设计使产品不仅具有基本的使用功能，更将产品变作一件件艺术品，从精神方面愉悦用户，体现使用者的喜好和个性。

色彩有功效性

色彩工学是人类工程学的一个分支,研究色彩与人类行为之间的关系。以往人们多重视色彩的艺术效果,而忽视了色彩的功效性。

色彩影响情绪

大量的事实表明,产品色彩设计的好坏,将直接影响人们的情绪、工作质量以及工作效率。

色彩提振精神

当人们在紧张工作的时候,产品良好的色彩设计给人以新颖、舒适、安全、可靠等视觉感受,能使他们精神振奋、精力集中。

不当色降低效率

不恰当的色彩设计会给使用者的生理和心理带来不良的影响,如引起视疲劳、紧张、错视等,降低工作效率。

提高产品易用

在产品设计过程中,一定要注意通过对产品色彩的设计,来提高产品的易用性,从而达到提高工作效率和安全使用的目的。

增强语义功能

不少新产品通过对产品色彩的设计,增强了产品的语义功能,提醒用户如何正确使用和操作。

15

色彩心理　Color Psychology
对于品牌中色彩的重要性

品牌创立，是涉及色彩辨识最重要的案例之一，有太多人曾经尝试将品牌的用户反馈与其用色联系起来并加以分类。然而，事实是色彩辨识更多来源于个人经验，将其与特定感受相绑定的万能公式未免牵强。但是关于色彩的认知是否有更广泛的信息传达，还有待进一步发现。比如，色彩在购买行为以及商标认知方面的确发挥了实质性的作用。研究发现，人们对于商品的快速印象有90%仅仅来自于其色彩。人们对于商标和色彩关系的认知，是以我们对颜色应用于特定性质商标之合理程度的认识为基础的，简单来说，就是指"这个颜色用在这种用途的商品上是不是合适，是不是搭调儿"。

颜色给予人们对品牌的认知产生引导作用，继而极大影响购买意图。这意味着颜色影响着消费者对于品牌"性格"的认识。当面临选择一个"正确"的颜色时，相比于仅仅考虑颜色本身，预知消费者对于颜色应用合理性的认识更为重要。所以说，对于为了炫酷而选择MINI的车主们，纯白涂料加不锈钢材质的MINI肯定是他们看不上眼的。

标识色须辨识度高

有研究指出，我们的大脑更加青睐辨识度高的商标，这一点也使得颜色在建立品牌标识的时候显得尤为重要。

同色彩不同用途

绿色就是代表安静，然而在特定背景下，这显然是错的。有时绿色可以用在强调环境保护的品牌中，有时却用在理财领域。

新品牌注意用色

新品牌的商标一定要格外注意用色，最好保证和已有同类的前辈们有所区别。

同色彩不同感觉

一般用于大宗品牌的棕色，在其他情况下，可以营造出一种温暖动人的感觉，或者能够搅动你的味蕾。

颜色契合预期效果

品牌营造的感觉、传达的情绪以及它的形象决定着营销行为中的劝服效果，颜色的选取只是为了更好地契合这样一种预期想要营造的感觉。

特定颜色有特性

特定颜色的确会与特定的特性紧密联系（比如：紫色与高端），相对于严格遵循既有的模式，根据创立者对于品牌形象的预期决定商标用色更加明智。

16

色彩心理　Color Psychology

教学中色彩心理学的运用

　　从前的黑板是黑色的，为什么现在改成了墨绿色？为什么桌椅以黄色的居多？这都是有原因的。色彩，在不知不觉中作用于人们的心理，如果将这一特性运用于教学上，将产生意想不到的效果。

　　将黑板的黑色改成墨绿色是为了保护学生及教师的视力：纯黑的黑板与雪白的粉笔会形成强烈的视觉对比，加上课本则是白底黑字，学生在这两者之间的每次转换会给视觉带来负担。改为墨绿色可以减轻书本与黑板、黑板与白色粉笔的视觉差异，此外，墨绿的颜色对视力有一定的保护作用。

　　桌椅以黄色的居多，这是基于颜色对心率的影响而考虑的。外国科学家在关于颜色对人体的影响这个课题上做过多次实验，结果证明在淡蓝色房间里，受试者脉搏减慢，同时，淡蓝色可降低高烧病人的体温；在红色房间里的受试者脉搏加快，血压、呼吸等也发生变化；狂躁的病人在粉红色房里，能很快心平气和到安睡；只有在黄色房间里人的脉搏正常，因此用黄色作为占教室主体的桌椅的颜色是十分合理的。

　　教室的墙壁在一般情况下不宜采用浓度大的颜色，特别是浓度大的纯彩色，因为这容易产生视觉疲劳。除黄色以外的其他高浓度色彩还会影响人的心率，并且由于浓度大的颜色视觉收缩性较强，会使教室显得狭小不开阔，空气似乎也变得凝重起来，在人数多的教室里它所造成的不适感会更明显。

彩色易分心

把教室布置得五彩缤纷会使学生分心，它的作用是潜移默化的，但可以适当改变教室的色彩。

背景色统一

以讲解为主的数学课件中，使用统一的背景色，能促使学生能把注意力放在内容上，而不是图画上。

整体不凌乱

提倡学生穿校服，同样是基于以上的考虑。统一的衣着有一种整体美，不会产生凌乱感，有助于学生集中注意力，促进学生的集体意识。

教学内容与色彩搭配

有位优秀的老教师，平时喜欢穿深素色衣服。当她要借班上《春天的雨点》时，换了一套亮黄色上衣和暗红色裤子相配的装束，产生了意想不到的效果。

色彩大作用

平时没有充分意识到色彩的作用，如果色彩的心理学原理可以充分地被我们利用起来，那么，色彩定能发挥更大的作用。

鲜艳助认识

几何形的认识教学，用颜色鲜艳的卡纸做成各种图形，放在墨绿色的黑板上形成强烈对比，形象尤为突出，加深了学生对图形的认识。

色彩心理　Color Psychology

灯光师需知的色彩心理学

　　色彩的直接心理效应来自色彩的物理光刺激对生理发生的直接影响。对于舞台灯光师而言，了解色彩会产生的直接心理效应很重要，这直接影响其专业素养。一位优秀的灯光师不光是一位技术人员，更重要的是对色彩有一种敏感性。

色彩的冷暖感

　　冷色与暖色是依据心理错觉对色彩的物理性分类，对于颜色的物质性印象，大致由冷暖两个色系产生。色彩本身并不具备物理温度的高低，由于人的心理因素和思维联想，而形成心理上的温暖感，这种色彩对人心理上的冷暖反应，就是色彩的冷暖感。

　　在舞台上，为了表现热烈、喜庆的气氛，在舞台区可以主配暖调，而在天幕、侧光用些许冷色的基调，反而由于色彩之间的对比作用，使暖色基调更加鲜明，色彩基调更具艺术感染力。

色彩的距离感

　　人们对色彩的视觉习惯还会产生远近感，不同颜色的物体处在同一距离上，由于人的视觉感受是不一样的，眼睛受到色彩光线的刺激，经过水晶体的自调整后，使波长较长的色光看起来较近，波长较短的色光看起来较远。从而就产生了远近、前进后退的感觉差异。所以暖色给人以向前移近的感觉，冷色则给人以往后远离的感觉；在舞台设计时，灯光师要注意调整灯具与人之间的距离，营造不一样的舞台效果。

蓝色

蓝色是最冷的色,在纯净的情况下并不代表感情上的冷漠,代表的是一种平静、理智与纯净。

橙色

使脉搏加速,并有温度升高的感受。橙色是十分活泼的光辉色彩,是暖色系中最温暖的色彩。

绿色

鲜艳的绿色非常美丽、优雅;黄绿色单纯、年青; 含灰的绿色,是一种宁静、平和的色彩。

红色

强有力的色彩,是热烈、冲动的色彩。

黄色

黄色是亮度最高的色,但只要有黑色或白色的稍微渗入,黄色即刻失去光辉。

冷暖色

暖色系的颜色比较容易引起心理上的亢奋和积极的影响;冷色系的颜色具有压抑心理亢奋的作用。

色彩心理　Color Psychology
色彩在室内设计中的应用

色彩在室内设计中有举足轻重的作用，它是室内设计师表达情感的一种最生动的语言，表述了人们心中的一些十分复杂的感觉。合理、正确的色彩应用会对室内设计起到事半功倍的效果，因此我们不能忽略色彩的应用。

客厅——白色显得敞亮

如果把家装设计比作一首交响乐，客厅无疑就是主题旋律，并且影响整个家庭装饰的风格定位。

在"厅"的设计中，制造宽敞的感觉是一件非常重要的事，以便带来轻松的环境和欢愉的心情。客厅空间的基础色调，以明亮柔和的白色系最为适宜，搭配比较容易，还有放大空间感的功能。天花板的颜色尽量使用浅色，地板的颜色应比天花板深，而墙体的色彩可以介于天花板和地板之间。

卧室——绿色使人安宁

卧室是身心休憩的场所，是窃窃私语的私人空间。因此，卧室的布置不仅要漂亮舒适，还要考虑主人的性格爱好，以及对情绪和健康的影响。从现代人的眼光看，卧室颜色的总体原则是不要刺眼，即色彩的饱和度、明度稍微低一点，以柔和悦目、温馨素雅为宜，有利于放松和睡眠。比如淡绿色系，给人一种宁静、健康的感觉，可以缓解精神上的紧张感和肉体上的疼痛感。

餐桌—橙色高贵典雅

接待客人时，也可以用橙色射灯使光线集中在餐桌上，营造高贵、典雅的氛围。盛食物的器皿最好以白色为主，可以更好地突出食物本身的颜色。

餐厅—橙色调动食欲

餐厅宜以明朗轻快的色调为主，最适合的是橙色以及相同色调的近似色，这样的色彩给人温暖、欢快的印象，能刺激食欲，提高进餐者的兴致。

窗帘—浅色温暖舒适

窗帘最好选用既能遮光，又具通透感的浅色纱帘，使折射后的光线变得温暖舒适。会让家有更加温馨的感觉。

厨房—黄色快乐烹调

厨房的墙面适合浅淡而明亮的色彩，黄色能令人精神振奋，造成一种视觉上的开阔感。它还是大部分食物的主色，能让食物显得更加新鲜诱人，增进食欲。

床单—米色有助睡眠

工作繁忙、精神紧张的人适合选用米色、淡蓝色的床上用品，具有催眠的作用，可以消除紧张感，起到镇定的效果。

书房—蓝色突出静雅

从色彩上来说，书房是需要长时间思考和静心的地方，色彩应以典雅、明净、柔和的冷色调为主，有助于平稳心境、调节血液循环。

19

色彩心理　Color Psychology

色彩对网页设计的影响力

对于一个站点来说，访问者只需花费 90 秒就可以做出判断或者意见。进一步来说，"62%～90%的交互是由产品自己的颜色决定的。"颜色在给用户创造强烈的第一印象上扮演了一个不可否认的角色。

创建一个网站，这个网站只有一种颜色是不现实的，除非打算用纯单色。所以应该考虑整体的配色方案和使用的每个色彩，以及它们的统一性。另外还要考虑颜色对用户的影响，以及如何让正在使用的主色和辅助色相匹配。考虑到这一点，就应该会关心怎样混搭颜色能匹配，并且能够帮助解决网站颜色问题。那么可以了解下面三个颜色混合的基本方法。

三角色彩计划

这是一个基本的，并且稳定平衡的方法，原理是使用了色彩的活力和互补特性。方法是使用 12 色相环，可以选择其中任何三种颜色，这三种颜色的位置关系是彼此 120°的距离，依次作为背景、内容和导航的颜色。

复合色（互补色）

这个方法有一点难度，并且可能为了证明它是恰当合适的颜色不得不去做些实验，如果实验做得好，它会是非常有效的。这个概念用了四种颜色，即两组对比色。

背景颜色

黑色的背景展现了网站的优质、精细、正式和统一的企业形象。

按钮颜色

网站使用了红色的按钮作为交易按钮，和黑色的背景形成了鲜明的对比，鼓励更多用户去注册。

文本颜色

白色规定了所有重要的对比度，同时和整体颜色方案相匹配。白色的线性图标被放在了下面来鼓励用户在必要的时候向下滚动来获取更多内容。

避免艳色

红色，如果使用过度，可能会使网站的取意远离整个信息的传达；棕色在设计中通常会唤起自然感，但是这个颜色是大多数男性最不喜欢的颜色。

黑白协调

总体来说，设计工作做得很好。黑色和白色搭配在一起能够协调，在这种情况下，这个网站感觉优雅和相对正式。

近似色

当你决定将想要的计划传达给用户的时候，可以考虑这个方法。它强调选择颜色活力，这些色彩被夸张后就可能视觉疲劳。

色彩心理　Color Psychology
能让心情变好的七种色彩

在古代，许多人相信颜色具有某种魔力；在今天，科学家也认为颜色与人的大脑有着某种联系，不同颜色对人的身体"情绪"思想和行为有着深刻影响。由于人们的生活经验、传统习惯及年龄性格等不同，对色彩可产生的心理反应也自然不同。

研究人员每次让志愿者置身于一种颜色时，都会记录大脑活动、心率和排汗的情况。他们发现，蓝色有助于使男人和女人心态平和。紫色使人放松，但只限于女人。蓝色和绿色使男人愉快，蓝色、紫色和橙色则让女人的精神好。这项研究显示，在建立信心方面，蓝色和红色对男人有帮助，蓝色和紫色对女人的作用最大。参加这次调查的志愿者共有1000人，尽管红色提高了男人的自尊心，但它使人感到愉快或放松的可能性最小。

不管什么颜色，生活中我们可以通过颜色来调节自己的心情，试试以下几种色彩，让乏味跟你说拜拜，还自己一个好心情！

红色

尽管红色是热量、生机、喜庆的颜色，在中国，凡是有喜事或者过节，总是能看到一片又一片的大红色，红色也是吉祥的颜色。

黄色

黄色给人轻盈、通明、充满期望的心理暗示，可谓健康阳光色。在色彩心理学角度讲，黄色是最能改善心情的色彩之一。

绿色

人尽皆知，绿色标志着纯天然无添加的新鲜果蔬，是健康的颜色。绿色总会被人们拿来跟"鲜活的生命""金钱财富"挂上钩。

紫色

由温暖的红色和冷静的蓝色调和而成，是极佳的刺激色。任何一栋房子被刷上紫色，都会有种鹤立鸡群的出挑之感。

蓝色

从心理学角度讲，蓝色是能给人带来精神慰藉的颜色。时时刻刻散发着恬静舒适的气息，绝对是家居布置的上选颜色！

青色

青色是中国特有的色彩，在中华文化中"青赤黄白黑"被并称为五色。青色属木，主东方春气，涵义无限生机。

粉色

粉色在水粉中，用红色和白色合成，与爱情和浪漫有关。它是个时尚的颜色，通常被认为是女性的颜色，却并非女性专用。

口才心理学
Eloquence Psychology

戴尔·卡耐基说过:"一个人的成功,只有15%归于他的专业知识,还有85%归于他表达思想、领导他人及唤起他人热情的能力。"

"人生不外言、动,除了动就只有言,所谓人情世故,一半是在说话里。"有一番好口才不仅是一件好事,而且是一件值得大声欢呼的好事。如果你没有这种能力,也不要气馁,更不要因为没有口才便放弃。

有一番好口才根本没有那么难,本章就是这样一条帮你快速找到说话之道的捷径。

本章的一些技巧,能使你在短时间内领略到好口才带来的惊喜。你会发现,通过本章几分钟的特别训练,不仅能使你克服当众讲话的恐惧,从自卑走向自信,从寡言少语变得妙语连珠,更能使你在关键时刻慷慨陈词,力排众议,充分展示你的个人魅力与风采。

01

口才心理　Eloquence Psychology

教你事半功倍的销售术语

　　销售是语言的艺术。过人的销售技巧其实就是过人的语言艺术，它不仅要有洞悉人心的敏锐，也要有动摇客户心理的表达能力。成功的推销员，往往能口吐莲花，他们的语言就像一双柔软的手，能抚摸客户心灵最柔软的地方。毋庸置疑，每一件产品的成功销售，不仅需要产品本身品质做基础，更需要有注入人心的语言艺术。

　　销售话术运用在各个领域，生活的各个角落，形形色色的人物，各种各样的行业都需要语言沟通技巧。销售话术是能搞定客户，让客户追随自己的销售中可运用的战术，它是变幻无常的，但"心理战术"却是隐藏在所有战术背后的最根本力量。

　　人人都想在销售这场残酷的战争中赢得滚滚财源，但是并非每个人都能真正懂得商战谋略，精选以下权威的心理学话术定律，让你透视客户的内心，助你在商场百战百胜。

加深在顾客脑海中的印象

销售员讲的话,不会百分之百地都留在对方的记忆里。而且,很多时候就连强调的部分也只是通过对方的耳朵而不会留下任何记忆的痕迹。所以,需坦诚相待,感染顾客。

利用提问技巧引导顾客回答

高明的商谈技巧应使谈话以客户为中心而进行。为了达到此目的,你应该发问,销售人员的优劣决定了发问的方法及发问的效果。好的销售人员会采用边听边问的谈话方式。

用清晰、明朗的语调讲话

明朗的语调是使对方对自己有好感的重要基础。忠厚的人、文静的人在做销售工作时需尽量表现得开朗些。

借助对自己有利的资料

熟练准确运用能证明自己立场的资料。客户看了这些相关资料会对你销售的商品更加了解。销售员要收集的资料不限于平常公司所提供的内容,对批发商、同业人士、相关报导的内容也应加以收集、整理。

引用其他客户的评价

引用其他客户的话来证明商品的效果是极为有效的方法。如"您很熟悉的 xx 上个月就买了这种产品,反映不错。"只靠推销自己的想法,不容易使对方相信。

形象地描绘来打动顾客

"说话一定要打动顾客的心而不是顾客的脑袋。"为什么要这样说?因为顾客的钱包离他的心最近,打动了他的心,就打动了他的钱包呀!

02

口才心理　Eloquence Psychology

初次见面说讨人喜欢的话

　　有些自命不凡的人会说：让别人喜欢上我，是几分钟的事。从心理层面讲，让一个人喜欢上你，只是半分钟的事。初次见面，能否获得对方认同的关键在于前30秒，能不能征服一个人，就看这见面半分钟。

　　管理者身上发生的奇迹，至少一半是由口才创造的！因为口才不好，表达不畅，你错过了多少机会？因为不善于沟通，人际关系紧张，你浪费了多少机会成本？

　　市场经济的到来，使那种君子敏于行而讷于言的时代一去不复返。成功者的秘密在于他们掌握了说话的技巧，总是能说出让别人感到愉快的话。并且，这些能说会道的人也总能用语言引导别人，仿佛他们天生就有一种"呼风唤雨"的能力。

　　说话之道十分奇妙，会说话的人说出的话，怎么就会让人品味之后就能心里舒服？而为什么有些人的话，看似态度认真，却让人提不起兴趣、甚至产生反感或者厌恶？说话也是需要练习的，这是在人际交往中不可缺少的一项技能。每个人都克服不了先入为主的刻板印象，既然如此，初次见面就要给对方留下良好的印象。

巧妙介绍自己

与人初次见面时,想让对方记住自己,最简单的办法就是让对方记住自己的名字。你可以对自己的名字做一个简单但容易被别人记住的介绍。

直呼对方名字

将对方的名字挂在嘴边,此种做法往往使对方涌起一股亲密感,尤其当你们不熟悉的时候,你喊出对方的名字,会给对方一个惊喜。

保持微笑

在和别人第一次见面时,女人的微笑和赞美会有一种微妙的力量。陌生朋友会被你的微笑感染,认为你是一个很有亲和力的女人。

记住对方的话

记住对方说过的话,事后再提出来做话题,也是表示关心的做法之一。对对方来说,是最重要、最有趣的事情,一旦提出来作为话题,对方一定会觉得很愉快。

适当表达瑕疵

表达瑕疵,可以赢得关注。而实际上,一丁点瑕疵根本遮掩不了你本人的光辉。这个人有点小缺点,但是其他方面挑不出毛病来,是个相当不错的人!类似上述的想法能深深植入他人的心中。

不过分掩饰自己

不要掩饰自己,把自己真实的性格展现给对方。我们不想让对方看透自己,觉得对方发现自己的弱点是个糟糕的后果,可是,这样做的结果是你束缚了自己,也不可能畅所欲言、自由表现。

03

口才心理　Eloquence Psychology

让口拙的你变得巧舌如簧

当今社会，提升口才已成为每个人都无法逃避的课程。一个人再有能力，不能够把自己清晰地表达出来，别人也不会知道他。一个人有效的表达，在很多情况下，比名校的文凭更加重要。你能够从容不迫、清晰、有力地表达自己，将使你从人群中脱颖而出。

那么究竟该怎样通过说话展现自我魅力，给自己的成功加码，赢得好人缘呢？如何用口才提升形象和地位？如何让口才使您获得更多的晋升机会？如何让口才使您在复杂的人际关系中游刃有余？如何让口才为您的事业成功提供帮助？如何成为看起来并不出众，但就是走到哪里都受到别人欢迎的人呢？要知道，世界上 90% 的生意都是谈出来的，没有好口才，好机会怎么能降临到你的头上呢！

有的人无论在什么场合似乎都可以掌控自如，能说会道。有的人就算在朋友面前谈笑自如，但一到陌生的环境里就会语无伦次，甚至紧张到说不出完整的话。为什么会有这种说话障碍？带你探究"口拙"背后的心理原因，并教你几招提高说话技巧。

关心胜过一切

如果只是纠结在事情里、理论上,谈话会显得很干瘪无趣。尤其大家都在谈论与人有关的话题,你显然插不上嘴。要想快速地和人打成一片,关心他人是必要的。

学会身体语言

很多场合,其实更需要理解性的倾听者。尽管你不讲话,但你的姿态、表情、眼神,充满了关注和理解,这样无声的行为,比话语更能达到有效交流的目的。

自我录音摄像

如果条件允许,建议您每隔一周时间,把自己的声音和演讲过程拍摄下来,这样反复观摩,反复研究哪儿卡壳了,哪儿手势没到位,哪儿表情不自然,天长日久,你的口才自然进步神速。

走出以往阴影

那些我们曾经受挫没有处理好的问题,都会变成日后的绊脚石。花些时间处理这些隐患,就是疏通语言管道,而不是让这些顽疾时不时地冒出来作祟。

找陌生人练习

说话练习的方式有很多种,有人喜欢和大树说话,有人把家里的椅子当做领导来练习沟通。你也可以走上街头,找到活生生的人,来练习说话。

即兴朗读

平时空闲时,你可以随便拿一张报纸,任意翻到一段,然后尽量一气呵成的读下去。而且,在朗读过程中,能够注意一下,上半句看稿子,下半句离开稿子看前面(假设前面有听众)。

口才心理　Eloquence Psychology
教你电话销售的说话技巧

　　电话销售并不是拿起电话和客户聊天，既然这通电话的最终目的是约见客户、拿下订单，当然有必要采用一些电话销售技巧来帮助你更快地让客户"上套"。下面一些小小的原则，如果您能好好揣摩把握，再加以应用，定能产生良好的效果。

　　兵法有云："攻城为下，攻心为上。"说话也是一样的道理，在与人沟通中不能逞口舌之利，更重要的是心理的较量。只有学会了运用心理策略，把话说到对方心窝里，才能真正打动对方，征服人心。

　　为什么有的人一开口就能抓住对方注意力，在谈话过程中巧妙地引导对方心理，悄无声息地突破对方心理防线，而有的人却只能让对方茫然地随声附和，敷衍地点头，眼神一片空洞，思绪完全飘到了其他地方？怎样才能一下子把话说到对方心坎里，让他人听从你的建议，甚至积极为你效力？

　　懂得说话的高手，说出的话就如同钥匙和密码一般，可以打开听话者的心灵之门，让一切随己所愿，让对方心服口服！

用暂停的技巧

当业务人员需要对方给一个时间、地点的时候,就可以使用暂停的技巧。说完就稍微暂停一下,让对方回答,善用暂停的技巧,将可以让对方有受到尊重的感觉。

身体挺直、闭上眼睛

将身体挺直或站着说话,你可以发现,声音会因此变得有活力,效果也会变得更好。有时不妨闭上眼睛讲话,让自己不被外在的环境打扰,从而影响答话内容。

一再强调您自己判定

为了让客户答应和你见面,在电话中强调"由您自己做决定"、"全由您自己判定"等句子,可以让客户感觉业务人员是有质感的、是不会死缠活缠的,进而提高约访机率。

强调产品的功能

在谈话中,多强调产品很非凡,让客户愿意将他宝贵的时间给你,切记千万不要说得太繁杂或使用太多专业术语,让客户失去见面的爱好。

给予二选一的问题

二选一方式能够帮助对方做选择,同时也加快对方与业务人员见面的速度。过多的选择会让对方无所适从,特别是有选择困难症的客户。

为下一次开场做预备

在将要挂断电话的时候,一定要和客户约定好下次电话访谈的时间,否则冒昧的在未知会客户的情况下打电话给客户,会让客户觉得你很没礼貌。

口才心理　Eloquence Psychology
将平淡如水变成风趣幽默

　　幽默是最生动、最有趣、最实用的口才艺术，是一个人智慧、学识、风趣的综合体现，是一种人生的智慧，体现着乐观积极的处世方式和豁达的人生态度，它可以让我们正面现实，笑对人生。

　　幽默是生活的态度，幽默是口才的精灵。

　　让幽默成为一种生活的态度，让幽默提升你的人格魅力，让幽默使你成为最受欢迎的人。

　　幽默是一个人良好素质和修养的表现。日本心理学家多湖辉把幽默称作"语言的酵母"。创造出幽默就是创造出快乐。幽默是一种高深的说话艺术手段，能表事理于机智，寓深刻于轻松，运用得当时，既可提升你的品位，又可为谈话锦上添花，叫人轻松之余又深觉难忘。幽默的魅力，仿若空谷幽兰，你看不到它盛开的样子，却能闻到它清新淡雅的香味。所有的人都会年华逝去，红颜不再。但岁月只能风干肌肤，而幽默的魅力却不会减去分毫。幽默的谈吐是表达自己友善态度的必胜法宝，它起到放松谈话的作用。

扩大你的知识面

你对当今世界的动态了解得越多，就越能跟别人打开话题。风趣幽默的人不会只是坐着点头附和，他们能够给一段谈话增加新的话题，分享有趣的事实。你的知识面越广阔，你就越能够掌控谈话的走向。

增加值得分享的经历

风趣幽默的人的生活好像总是精彩不断。你尝试的越多，就会有越多的故事与别人分享。累积有趣经历的最佳方式就是旅行，因为你会不断遇到新的人，体验新鲜有趣的事物。

结识新的朋友

你无法预料哪一个陌生人会变成你的下一个好朋友！给你见到的所有人一个机会来向你讲述他们的故事，并欢迎他们进入你的人生。

保持开放心态

试着不要妄加评论、敏感介意，别人会更愿意跟你相处和交谈。记住所有人都有权表达自己的观点。

培养兴趣爱好

兴趣爱好不仅能让你过得充实，帮助你结识新朋友，还能让你发现自己的天分和才能。有些最风趣幽默的人就是凭借独特才能才会出名的。

拥有独特审美

风趣幽默不仅是你的内在表现，你的外表也会极大影响别人对你的认知。实际上，在人们见到你之前，他们已经对你的风趣幽默值有了评价。

口才心理　Eloquence Psychology

摆脱沟通恶习的沟通技巧

苏东坡曾经留下过这样一首诗："高山石广金银少,世上人多君子稀。相交不必尽言语,恐落人间惹是非。"

"相交不必尽言语",就是这个道理。古人说"覆水难收",讲话就像泼水,泼出去的水无法再收回,讲过的话也一样收不回来,所以一句话在出口前,不能不慎思。

可是,很多时候,我们谈兴甚浓,于是海阔天空无所不谈,画蛇添足,或是把一些完全不该说的话和盘托出。这样岂能不惹是非?

在与人交往中要做到吞下不该说的话,应该具备这样的心态:就算你是全世界最自我的人,也要懂得尊重别人。不要以为吞下自己最后一句话就不自我,其实那才是真正懂得保护自己的人。适时地闭上你的嘴巴,你会看起来更加可爱。不要不顾别人的想法而肆意倾倒你的垃圾信息,更不要随便对一个不熟悉的人卖弄你的小道消息和私人问题。

我们一定要记得,在社交场合中,话不能乱说是一条永恒的守则。侃侃而谈不见得给自己增添光彩,更不能说明自己有学问,相反却会带来言而不实、卖弄自己的恶名。自己的脑袋一定要管住自己的嘴巴,说话一定要经过思考,这样才能长久地拥有名声。

以下几个原则一定会令你受益!

用抱怨吸引注意力

每个人都要不断面对生活中的各种困难,谈话时不停地抱怨,只会让交流变得沉闷,让你变得无趣。

一心多用的交流

这是非常惹人讨厌的行为,尊重是交流的最基本要素。如果真的没时间,不如诚恳地告诉对方,另约时间或者简而言之。

不在乎自己深爱的人

和亲人、爱人交谈时,心里一直在想工作的事情。其实用心专注地倾听和交谈,也是一种最基本的爱。

不好意思接受称赞

如果受到表扬后,你一直谦虚地托辞,反而会让对方绞尽脑汁说更多表扬你的话,陷入尴尬境地。

话说一半打断别人

除非是在头脑风暴,不说出来就忘了,否则不要在别人话说到一半时打断,这样往往会错过谈话中最精彩的部分。

费尽心思取悦别人

自己的想法有时可能暂时不受欢迎,于是去迎合别人。生活是自己的,不是用来取悦别人的,而你,也是独一无二的。

07

口才心理 Eloquence Psychology
让好口才决定你的好人生

话说对了，你就成功了

石油大王洛克菲勒曾说："假如人际沟通能力也是同糖或咖啡一样的商品的话，我愿意付出比太阳底下任何东西都珍贵的价格购买这种能力。"由此可见沟通在他心中的重要性。或许你会怀疑，他是不是夸张了，沟通真的有那么珍贵吗？

古代有一位国王，一天晚上做了一个梦，梦见自己满嘴的牙都掉了。于是，他就找了两位解梦的人。国王问他们："为什么我会梦见自己满口的牙全掉了呢？"第一个解梦的人就说："国王，梦的意思是，在您所有的亲属都死去以后，您才能死，一个都不剩。"国王一听，龙颜大怒，杖打了他一百大棍。第二个解梦人说："至高无上的国王，梦的意思是，您将是您所有亲属当中最长寿的一位呀！"国王听了很高兴，便拿出了一百枚金币，赏给了第二位解梦的人。

同样的事情，同样的内容，为什么一个会挨打，另一个却受到嘉奖呢？因为挨打的人不会说话，得赏的人口才好而已。

当今社会竞争激烈，口才的重要性变得越来越重要。练就一副好口才可以提升你在众人心目中的地位和形象，使你在复杂的人际关系网络间游刃有余。

如何巧妙与别人交谈

与人交谈时,请选择他们最感兴趣的话题。你是否对谈话感兴趣并不重要,重要的是你的听众是否对谈话感兴趣。当你与人谈话时,请谈论对方,并且引导谈论他们自己。

如何令别人觉得重要

人类一个最普遍的特性便是——渴望被承认,渴望被了解。尽量使别人意识到自身的重要性。请记住,你越使人觉得自己重要,别人对你的回报就越多。

如何巧妙地赞同别人

绝对不要忘记任何愚人都可以反对别人,而只有智者和伟人才会赞同,尤其当对方犯错误时!

如何巧妙地赞美别人

赞扬一定要具体,要有的放矢,养成每天赞扬三个不同人的习惯。

如何巧妙使别人决定

在最开始你开口说话之前,在你打破沉默之前,请露出你亲切的笑容。人们总是无法意识到,有多少付出,就有多少回报。从现在开始,露出你的笑容。

如何巧妙地说服别人

当你说一些有利于自己的事情时,人们通常会怀疑你和你所说的话,这是人本能的一种表现。更好的方式就是:不要直接阐述,而是引用他人的话,让别人来替你说话。

口才心理　Eloquence Psychology
教你提高口才的训练方法

话都说不好,你还想成功?你要知道:世界上90%的生意是"谈"出来的,会说话才是硬道理!加薪升职不光看你的做事能力,表达能力同样重要!把你想说的话,变成对方想听的话,你才能够影响对方!

如何提高语言的感染力?如何把话说得更生动?如何说出别人想听的话?如何看出别人想表达的意图?如何有效说服对方?如何提高语言的"情商"?如何减少说错话的概率?如何迅速融入各种"圈子"?如何在职场上"化敌为友"?如何成功地销售出产品?如何带领团队走向成功?如何改善你的说服技巧?

当你站起来要说话时,会变得很小心,而且十分紧张,导致思维混乱、表达无力,不知道自己要说些什么。想信心满腹、泰然自若以及拥有自主思考的能力。无论是在生意场上,还是在俱乐部里或者是在公众面前,都希望你的思维能够合乎逻辑地组合起来并清晰地、令人信服地表达出来。

下面几个方法可以尝试。

速读法

快速地朗读。目的是在于锻炼人口齿伶俐，语音准确，吐字清晰。做到语音准确是最基础的要求。

练声法

练声也就是练声音，练嗓子。在生活中，我们都喜欢听那些饱满圆润、悦耳动听的声音，而不愿听干瘪无力、沙哑干涩的声音。所以锻炼出一副好嗓子，练就一腔悦耳动听的声音，是我们必做的工作。

模仿法

我们每个人从小就会模仿，模仿大人做事，模仿大人说话。其实模仿的过程也是一个学习的过程。这样天长日久，我们的口语表达能力就能得到提高。

描述法

描述法也就是把你看到的景、事、物、人用描述性的语言表达出来。这样的方法会使对方产生比较形象的画面感。

角色扮演法

角色扮演法，就是要我们学演员那样去演戏，去扮演作品中出现的不同的人物，目的在于培养人语言的适应性、个性、以及适当的表情、动作。

讲故事

听别人讲故事绘声绘色，很吸引人，可是自己一讲起来，仿佛就不是那么回事了，干干巴巴，毫无吸引力。因此，讲故事也是一种才能，并不是人人都可以把故事讲好的。

口才心理　Eloquence Psychology
把握说话节奏呈现音乐美

成功不成功,"说"了才算!

想想看,在我们的生活中和职场中,你是不是会遇到这样的人:他们看起来并不出众,但就是"混"得好,走到哪里都受到别人的欢迎,成功也比别人来得更快!

其实,秘密在于他们掌握了说话的技巧,总是能说出让别人感到愉快的话,并且,这些能说会道的人也总是能用语言引导别人,仿佛他们天生就有一种"呼风唤雨"的能力!看到这样的人获得成功,或许你在心中很不服气,为什么他们更容易成功呢?

你要知道,在这个世界上,特别是在当今的社会中,人际关系往往是决定性的力量。当别人认可你、喜欢你时,才会与你开展合作,才会给你职场上的机会,才会让你担当更大的责任。

除了你自身的实力以外,让别人从心里产生认同感的关键秘诀就在于,你能否说动对方的心,拉近彼此之间的距离。所以,说话真是至关重要的一件事,更是很多人获得成功的"软实力"。

口才出色的人,与他谈话的感受简直是一种艺术的享受。他们与别人聊天时能引经据典,抑扬顿挫,诙谐幽默,引人入胜,他们对语言的节奏掌握是随心所欲的。

高亢

高亢的节奏能产生威武雄壮的效果,声音偏高,起伏较大,语气昂扬,语势多上行。用于鼓动性强的演说、叙述一件重大的事件、宣传重要的决定及使人激动的事。

低沉

这种节奏使人得到低缓、沉闷、声音偏暗的效果。语流偏慢,语气压抑,语势多下行。用于悲剧色彩的事件叙述,或慰问、怀念等。

凝重

这种节奏听来一字千钧,句句着力,蕴藉尽出。声音适中,语流适当,既不高亢,也不显低沉,重点词语清晰沉稳。用于发表议论和某些语重心长的劝说,抒发感情等。

轻快

轻快型节奏是最常见的,听来不着力,而多扬少抑。日常性的对话,一般性的讨论,都可以使用这类型的节奏。

紧张

紧张型节奏,往往显示迫切、紧急的心情。声音不一定很高,但语流较快,语句不延长停顿。用于重要情况的汇报,必须立即加以澄清的事实申辩等。

舒缓

舒缓型节奏,是一种稳重、舒展的表达方式。声音不高也不低,语流从容,既不急促,也不大起大伏。说明性、解释性的叙述及学术探讨等宜用这种节奏。

口才心理　Eloquence Psychology

学会面试中语言沟通技巧

面试紧张很正常,甚至手足无措、手心冒汗、脸色苍白、内心不安、说话磕磕绊绊、语言颠三倒四毫无逻辑、大脑空白无话可说……相信每个人都曾有过类似的"说话"体验,都可能触发我们内心的"紧张"开关。

可是,我们究竟为什么会紧张呢?其实说话时紧张是一种很正常的心理反应,说到紧张的成因,我们就不得不说说心理学领域的"焦点效应"。

焦点效应,即人们总是会在潜意识中高估周围人对自己外表和行为的关注度,简单说,也就是在说话时,我们往往会把自己看作是一切的中心,觉得每个人都在非常认真地聆听,因此更加惧怕出错,哪怕是语气上的不完美、声调过高、无关紧要的表述失误等,都会令我们陷入紧张的情绪中。

面试中应聘者对面试官问题的回答,无疑会对结果产生很重要的影响,在这过程中我们要学会如何克服紧张情绪,展现自己的最大优势,适当避免一些对自己有弊无利的问题,那如何才能在面试中脱颖而出呢?应做到以下几点:

自我介绍

在面试开始的时候,面试官通常会要求面试者进行自我介绍。在自我介绍时应该突出自己对应聘职位所拥有的优势。

适当提问

很多面试官希望应聘者可以提出自己的问题,通过提问可以是间接展现自己的优势,也可以让面试官知道面试过程中你没有走神,也可以问及公司的用人理念、管理理念等问题,最好不要过多谈及个人薪酬问题。

冷场

出现冷场状况时,长时间的默不作声只会浪费双方时间,而且会给面试官不好的印象,这时候应该坦诚地告诉面试官自己不懂。

回答

在回答应聘官的问题前,应该认真倾听,不要东张西望,也不要中途打断,面试官问完后可以稍等两三秒再回答,回答时不宜速度太快也不宜太慢,语言最好流利,结结巴巴的回答会给面试官留下不好的印象。

不利情况下的沟通

面试过程中讲错话是经常会出现的,当出现这种情况时不要太紧张,说错话很正常,及时调整过来会更好地展现出面试者的应变能力。

忌不合逻辑

面试的考官问:"请你告诉我你的一次失败的经历。"答曰:"我想不起我曾经失败过。"如果这样说,在逻辑上讲不通。

11

口才心理　Eloquence Psychology

增强感情的家庭说话技巧

　　生活中，我们常常听到周围的人讨论，怎样的男人、女人才最受欢迎？也许有人会说，长得美的女人、长的帅的男人最受欢迎。也有一些人会说，精明能干的女人、事业有成的男人受欢迎。这两点，我们都不否认，但一个男人或者女人要想左右逢源，要想获得成功，更重要的是拥有应情应景的语言表达能力，也就是人们说的"口才"。通俗一点儿说，一个"会说话"的男人或者女人，必定能够将自己的智慧、优雅、博学通过自己的口才展示在众人面前，从而使自己更容易受到周围人的喜爱。

　　卡耐基说："一个人的成功约有 15% 取决于技术知识，85% 取决于口才艺术。"这就是说，一个人说话水平的高低，已成为其生活及事业能否取得成功的关键因素。

　　的确，一些男人或者女人已经认识到口才在现实生活和工作中的重要性，然而，还是会产生疑问，为什么我苦口婆心地说了很多，孩子好像一句话也没听进去呢？为什么和丈夫或者妻子一说话就吵架呢？

　　家是一个温馨的港湾，但是如果在家里说话不注意，温馨的港湾同样会变成唇枪舌剑的战场。在家里要注意说话的方式和技巧，这样才能够使家变得更加温暖和幸福。

善用"感情语言"

有人认为婚后夫妻不需要说"我爱你""你真漂亮"等动情的语言,其实不然,学会用动情的语言,能增加夫妻生活情趣,是恩爱夫妻的感情纽带之一。

调整说话的"频道"

当丈夫发现妻子对自己提出的建议并不乐于接受时,他就理应灵敏地估计到这也许是妻子发出的警告信号,该毫不迟疑地改变说话的"方向"。

让对方知道你在倾听

交谈时切莫一声不吭,因为这容易使对方认为你漫不经心。不妨不时地让对方听见你在说"是啊""没错"的话语,也可用会意的眼光、表情、手势、点头来表示你的专心。

语气要婉转

许多人认为跟亲人说话语气婉转显得太"酸",其实不然,即使在恩爱夫妻中,两人也各有其敏感区,一不小心便可能伤害到对方。

懂得巧妙发问

机智的发问能使交谈的内容更丰富更深入,而且正因为谈话"言之有物",对话便可能更为顺畅地继续下去。

不要打岔

在对方话未说完之前切莫打岔。要知道,打岔不仅影响双方的心灵沟通,而且也意味着对对方的不尊重。

12

口才心理　Eloquence Psychology
向领导提建议的说话方式

在当今社会，人际关系往往是决定性的力量。如果不会说话，你可能得不到别人的认可、喜欢，没有人会与你开展合作，也没有人会给你职场上的机会，让你担当更大的责任。

尤其是年轻人，及早学习如何和人打交道、锻炼自己的口才，对于自身发展和生活和谐有着至关重要的影响。事业的成功离不开好口才，人脉的兴旺同样需要好口才，说领导愿意听的话，你才能在社交和办事中左右逢源，如鱼得水，无往不利。掌握一套和领导有效沟通的本领，学会说领导爱听的话，能使你更容易理解领导的心思，更好地执行领导的指令，更完美地执行工作任务。

提意见首先在内容上，必须言之有据。不仅要把自己的意见表达出来，还要以大量的数据材料为依据，使意见站得住脚；其次，还要注意提意见的方式方法。

选择适当的时机

这里主要照顾到你上司的心情。请记住他也是个普通人,当公务缠身、诸事繁杂时,他未必有很好的耐心随时倾听你的建议——尽管它们极具建设性。

态度诚恳,言语适度

注意说话的态度和敬语的运用,恰到好处地表达出你的意思。由于你的坦率和诚意,即使对方不完全赞同你的观点,也不会影响到他对你个人的看法。

否定是意见附属品

向上司提意见,如果马上获得认可,事情就很简单。不过,一般而言,不认可的情况比较多。毕竟提意见的对象是你的上司,是否接受你的意见他当然需要慎重考虑。

关注对方,恰当举例

谈话时应密切注意对方的反应,通过他的表情及身体语言所传达的信息,迅速判断他是否接受了你的观点。

限用一分钟发表

如果想再具体界定一下的话,那么最好将你的语速保持在每分钟 300 个字的标准,比这个标准慢就显得过于缓慢。

在领导意见上附加

把意见说成受到前面同事及领导意见的启发,作为对领导意见的补充,这样可以不显山露水地把自己的意见讲出来。

13

口才心理　Eloquence Psychology
提高说服力的五个心理学

在职场，说服过程中缺乏技巧导致说服不成功，往往成为个人职业失败甚至人生失败的重要原因。其实人与人之间的交流，能够有效地说服所遵循的必定是一定的心理学规律。

几乎每一个创业家、管理者都是一个优秀的说客，好的说服力能有效地提高团队的士气。你知道如何提高自己的说服力吗？有人当"说客"，磨破嘴皮子也不管用；有人则句句在理，让对方心服口服。

安东尼·罗宾说过："成功者与不成功者最主要的判别是什么呢？一言敝之，那就是成功者善于提出好的问题，从而得到好的回答。"如果你想要提高说服力，那就必须改变顾客的思维方式，提出一些好的问题，就可以引导顾客的思维。销售行业的圣言是："能用问的，就绝不用说。"多问少说，永远是销售的黄金法则。但一定要问对问题，问一个有效有利的问题，不过在向顾客提问之前，一定要明确你的提问目的。

"是"字定律

指大多数人在被说服的过程中连说一定数量的"是"字后,在接下来的问题中比较容易说"是"。人们在一定情境下的行为中,往往会通过重复形成一种自动化了的、固定下来的且勿须努力就轻而易举实现的活动模式。

二元求助法

指求助者求助时先用表情与动作向被求助者暗示发生了严重的事,然后提出要求,求助容易成功。

把握互惠原则

当你对着别人微笑时,别人通常也会用微笑回报。同样的道理,别人说话时点头鼓励、用肯定的目光看着他,当轮到你发言时,他也更容易肯定和相信你所说的话。

"不"字障碍

指人在心理上天生对他人指令中的"不"字倾向于拒绝。

每个人都是一种自我存在的个体,潜意识中,都会运用各种手段来不自觉地确立"自我"与外界对立的概念,让对方不在心理上天生产生拒绝的倾向,指令自然容易被接受。

借用社会影响力

人们都害怕与社会脱节,会不自觉地"随大流",仿效多数人的做法。想让对方相信你的话,不如借助这种"群体力量",比如暗示对方"现在流行这样",或者"前两天刚跟人试过这种方法"等。

14

口才心理　Eloquence Psychology
缓解电话沟通中的尴尬局面

我们的表达成功与否，不但取决于我们的沟通技巧和沟通能力，也在很大程度上取决于我们的紧张程度。

精神越是放松，我们的思维就越灵活；越紧张，也就越容易出现交流不畅的现象。如果通话双方都产生了紧张的感受，就很容易发生冷场的现象。同时，面谈时即使没话可说了，也可以通过非语言信息的交流，促使双方找到化解尴尬的话题。但电话沟通不能像面谈那样传递非语言信息，所以，冷场现象难以被化解，从而影响到我们的情绪和沟通效果。

一般来讲，以下两种情况更容易发生冷场的现象：如何化解打电话时冷场的尴尬？

当对方在我们看来是非常重要的人物——比如重要客户、领导或女友，而双方又还不是很熟悉或感到彼此间有隔阂。当我们把某次沟通看得非常重要的时候，就会担心给对方留下不好的印象，自然也就越容易产生紧张感。

性格内向者和有忧郁气质的人。英国普利茅斯大学的一批研究人员经过对1000名使用手机短信服务的人调查后发现，越是频繁收发短信的人，他们所表现出来的社会忧虑感和内向型个性就越强烈。

无须刻意做什么"准备"

除非是汇报工作或采访,需要有一定的提纲,把所需要的都说清楚。而恋人、朋友间的交流事实上更多是通过语言交流感情,具体怎么表达出来并不重要,人际交往本身也不会因为一次交流而影响到对方的看法。

想象着对方的样子

用热情去影响对方。想象对方的音容笑貌,当成是面对面地交流,这样可以让我们放松下来,即使对方看不见你,欢快的语调也会给对方留下好印象。

加强沟通能力

电话沟通能力是可以在人际交往过程中通过锻炼逐渐改善的。如果打电话会让你过于紧张,以至于经常刻意回避,严重影响交流效果,那么这可能提示你存在一定的人际交流困难,可以做心理咨询和人际交往训练。

电话时间不宜过长

一般来说,腼腆和内向的男性不太爱打电话,而女性更喜欢从电话里听到男友的甜言蜜语。恋人在交往过程中需要相互理解,不要强求对方采用自己不擅长的交流方式来进行交往。

尝试短信沟通

短信沟通允许双方不必即刻对另一方作出回复,从而留出了足够的考虑时间。让对方有回旋的余地,聊天工具上有很多表情符号,可以以诙谐、夸张的方式表达自己的感情,弥补非语言信息交流的不足。

区别不同性格客户

性格内向者和有忧郁气质的人,他们所表现出来的社会忧虑感和内向型个性强烈。这样的人在交流过程中更容易顾及对方的感受。

15

口才心理　Eloquence Psychology

恋爱中需掌握的说话技巧

　　学点求爱语言的致胜之道，用甜言蜜语增加爱情的温度。男人猜透女人心，才能说对情话；女人懂得赞美男人，才能捧到点上；男人学点哄女人的技巧很有必要。女人的撒娇言语让感情如胶似漆，多说让对方有安全感的语言。

　　表达最真实的爱，给对方安全感；敏感问题巧妙回答，消除对方心里顾忌；"醋话"暗示爱意，表明心意；用"娇滴滴"的口吻，点燃对方爱的火焰；用点到为止的言语令对方回味。

　　"相爱总是简单，相处太难。"简短的一句歌词，唱出了恋爱中男女的心声。恋爱是一门学问，是一种艺术，得花点时间静下心去琢磨、学习。明白谈恋爱应有所为，有所不为，你的恋爱会充满浪漫与温馨；否则，难免遭遇尴尬和波折。讲究恋爱的技巧，认真做到当为则为，不当为则不为，才能将恋爱之舟顺利地驶向婚姻的彼岸。

　　在和恋人谈话的时候，要注意几点：

甜言蜜语最让人倾心

甜蜜的爱情是需要用甜言蜜语表达出来的。为什么有那么多的女孩子都喜欢嘴巴甜的男孩子,就是因为她们喜欢听甜言蜜语,所以,两人在一起的时候,要多说一些甜言蜜语,这样就能够拴住女孩子的心。

态度一定要亲切

与恋人初次见面,在相交还不是太深入时,要想消除彼此的陌生感,拉近彼此的距离,就必须表现出你的友好和随和,使对方乐意接近你,产生对你的好感。

创造说话中的空档

如果你们整个交谈的过程中,一直都侃侃而谈,不会发现中间少了一点浪漫吗?空档是谈话中制造浪漫最秘密的武器,空档的几秒钟,会让你们有心照不宣的感觉。

把话说到女孩子心里

"女人的心,天上的云。"确实,女人的心变化多,让人琢磨不透,使大多数男性追求者无从下手、错失良机,或半途而废、功亏一篑。恋爱中的人,应该多懂一点心理学,运用高超的技巧,抓住爱人的心。

务必含蓄的赞美

恋情初期,或者刚刚认识,对方还不太能接受大肆的赞美,但含蓄的赞美绝对可以让对方心花怒放、春心荡漾。没有男人是不喜欢赞美的,这会极大的满足对方的自尊心。

创造紧张与缓和的气氛

若你可以让对方产生情绪波动,那一定可以给对方产生很深的印象。所谓的紧张,就是要让对方产生兴趣,进入急着想问的状态,然后再安定自若地缓慢回上一句。

口才心理　Eloquence Psychology

展现幽默口才的几项禁忌

　　曾有一位叫大头的小孩，哭着跑回家对妈妈说："妈妈！他们都笑我头很大，我的头真的很大吗？"妈妈边摸着大头的头边笑着说："你的头一点也不大！"单是这么看，没人了解其幽默点，但若讲者配上夸大的手势动作，再摸着一颗大头，那么笑点就会因手势与内容的矛盾而产生"笑"果。所以，幽默并非会讲，还要会演，相比之下才能产生强大的功效！

　　幽默的特质在演讲中是一项极为有力的秘密武器，但是武器能平乱却也能制造战事引发祸端，所以在展现幽默的同时也须当心犯以下几项忌讳：

只要最基本的

　　如果你笑话里有很多不必要的细节，听众会失去兴趣的。它只需要人物、时间和其他让这个笑话出彩的东西。

别为没经验抱歉

　　永远别说像"我不是块戏剧演员的料"或"我笑话说得不好，但我会尽力而为"之类的话，这会在你开始说之前就毁了你的幽默。

照本宣科
老王,我说一个笑话给你听。好比一客牛排大餐直接放到胃里,一点都体会不出味道。

自说自笑
听一则笑话,你笑得前仰后翻,讲者却如冷面笑匠若无其事、一脸无辜,这才是高手;反之,则让自己成了笑话。

脱离主题
为了一开始的气氛,硬凑个与主题完全无关的笑话,则再好的笑话都会变得毫无价值,切记,绝不可为了说笑话而说笑话。

本末倒置
一场演讲,笑话是润滑剂,若全场以笑话贯串,主从易位,最后听众一无所获,反倒是听了一堆笑话,成为一场失败的演讲。

观众预知
"各位大家好,我要以一个笑话作开场……""我想跟大家说一个笑话……"这种幽默不叫幽默,可以预料不会有好的效果。

不要夸口
如果你答应给听众一个月亮,他们就会期望一个月亮,避免说"这将是你们听到的最好笑的笑话"或"让我们来听听这个笑话"之类的话,不要保证幽默,说就可以了。

17

口才心理　Eloquence Psychology

销售员不能害怕当众说话

在开始表达之前，所有的人都会遇到一个问题。很多年以前，美国做了一项调查，询问了许多美国人，你一生中最怕的事情是什么？什么事情让你最恐惧？让每个人写出10件，最终得出了一个结论：排名第二的，最怕的事情是死。什么排名第一呢？就是在众人面前表达自己的观点，或者在众人面前演讲。所以对于任何人，首先遇到的问题就是紧张和害怕。调查显示，很多人说我宁可死也不当众演讲，所以说如何克服紧张情绪是一个专业销售人员在表达之前所要解决的问题。

如何克服紧张的情绪？任何一个人都会遇到这样的问题。当你被要求当众演讲或表达时就会不由自主地感到紧张，紧张情绪是任何一个人在演讲之前都会出现的问题，并不可怕，因为每个人都有，我们要做的是要了解如何使我们的紧张情绪最大限度地变得更少，如何能有效地控制我们的紧张情绪。现在我们一起来分析为什么在开始之前会感到紧张？什么原因促使你感到非常紧张？

当众说话是一个从心理到行为的强化过程，世上没有天生的演说家，只要把握好说话的技巧，并跨出第一步去当众讲话，并反复练习，其实你会发现一切都轻而易举。

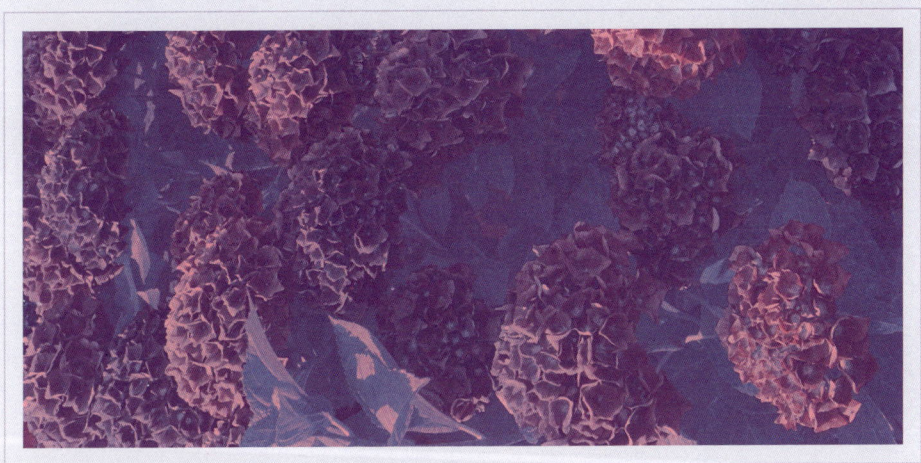

不断地模仿练习

如果还没有形成自己的风格，可以从模仿别人开始，包括举手投足，发音语气语速等。也可以先完整复制，等到熟能生巧时再找自己的特色。

对成功的欲望

或许有人会觉得说得容易，做起来却很艰涩。其实你可以闭上眼睛，想想自己内心是否真的需要成为这样的人，如果你的欲望足够强烈，我想你的脑海就会自然浮现成功后的场景。

认真地准备

在有比赛性质、考验你能力的说话场合，你需要认真准备，条理组织得更加清晰。而且注意最好不要靠前说，因为你的发言会被当成一种评判和审视的标准。

坚信目标的力量

集中全力，念念不忘自信与口角生风的说话能力对你有多重要; 想想因此而结交的朋友、在社交上对你的重要性，想想自己服务的人群、社会的能力将会大增。

不放过学习的机会

学习乃一切进步之本，社会的脚步正变得越来越灵活，我们思想的转变能力也要随着变化，让其具有较强的吸收消化能力，学习和接受知识对我们来说很重要。

尽量一鸣惊人

要想发言引起别人的兴趣，达到一鸣惊人的效果，你还要学讲故事，会总结，会点缀，这样会显得你有底蕴、知识渊博，同时也会提升说话的趣味性。

18

口才心理　Eloquence Psychology
从说话方式中去发现性格

　　口头禅性格，是指口头禅可以反应人的性格，揭示一个人的心理状态。常见的口头禅中，郁闷、无聊、犯扯、没意思之类表达负面情绪的词语占了一大半。很多人说，它反映了这样的社会现状：工作节奏太快，生活压力太大，年轻人疲于奔命，只好通过说这些口头禅发泄自己的情绪。

　　俗话说："习惯成自然。"口头禅是人内心中日积月累形成的一种对事物的看法，是外界信息经过内心的心理加工，形成的一种固定的语言反应模式。当类似的情形再次出现时，它便脱口而出。口头禅作为一种下意识的表现，它反映了人的一种情绪，一种心态，所以间接地可以反映出一个人的性格。

　　口头语的形成和性格有关系，也和所处环境及接触的人群有关系。对电话销售人员来说了解口头语的含义是打开客户心门的一把钥匙。那么客户常见的口头语有哪些呢？它们分别代表了客户怎么样的心境，下面进行了总结：

经常使用"是不是……"

这类客户较和蔼亲切,能做到客观理智,冷静地思考,认真的分析,然后做出正确的判断和决定。面对这类客户你也要表现出这种淡定,让对方感受到你也是可亲可敬的人。

经常使用"确实如此"

这类客户大多浅薄无知,但自己却浑然不觉,还常常自以为是。面对这类客户你要表现出自己专业、博学的一面,在滔滔不绝地说服中拿下订单。

经常使用外来语言

这类客户虚荣心强,喜欢卖弄和夸耀自己。对于这类客户你可以用富有诱惑力的价格及其他优惠条件来吸引他们合作。

经常使用流行词汇

这类客户随大流,缺少个人主见和独立性。面对这类客户你也可以使用一些流行词汇,让他们感受到你见多识广且专业性的一面。

经常使用"绝对"

这类客户武断的性格显而易见,他们不是太过缺乏自知之明,就是自知之明太强烈了。面对这类客户你要让他们说出自己的条件和要求,然后再表明自己的立场。

"但是……不过"

这类人有些任性,总是提出一个"但是"来为自己辩解。"但是"是为保护自己而使用的,从事公共关系的人常有这类口头语,它的委婉意味,不致令人有冷落感。

19

口才心理　Eloquence Psychology
演讲心理迅速调整的技巧

　　人的心理健康是一个非常复杂的动态过程，内向者相对于外向者而言，会存在恐惧、害羞、自卑、孤独等心理障碍，而这些性格特征对于培养一个人良好的人际关系和交际口才都是有弊无利的。因此，为了能拥有良好的交际口才和人际关系，内向者很有必要跨越这些障碍。

　　由于很多性格内向的人都羞于承认自己的恐惧心理，或者听之任之，就很容易导致恐惧情绪加重，从而导致说话水平、办事效率大打折扣。所以，当发现自己存在交往中的恐惧心理时，不要听之任之，也不要把这些归之于内向性格，而应该找到根本的原因，充分地认识恐惧心理。

　　同时，提高自己与人交往的自信心，大胆地说出自己想说的话，再加上一些小小的技巧。那么，一个虽然内向却口才一流的人或许就这样诞生了。

带上几个专业词

有时，当我们坐在车上或咖啡厅里，听到旁边有人说外国话或专业名词时，我们的目光往往会不由自主地去注视他们，这种现象就是记忆心理学上所谓的"凝离效果"。

开声讲练

讲练也应有适当的方式方法。根据个人的情况，或不同的目的要求、不同的条件，可以自己一人单独预讲，也可以让几位朋友或有讲演经验的人当听众，请他们帮助你。

克服紧张情绪

这种紧张情绪大多数人都会有，而且也是一种正常的反应。要有取得成功的强烈欲望，要想到自己肯定能成功，不要太多关注个人得失。

千万不要冷场

上台前，千方百计使自己处于放松、愉快的状态。即将登台，情绪仍要放松，运用"精神胜利法"做心理暗示。步上讲台的那一时刻，切莫期待什么"轰动效应"。

熟悉讲稿

并非像人们想像的那样死记硬背。其实，通过认真、反复地思考去把握演讲的内容和讲稿的结构，才是最适当有效的方法。

结尾不要拖拉

结尾应该简洁，有话则长，无话则短，切忌画蛇添足，节外生枝，生怕听众听不明白。

20

口才心理　Eloquence Psychology
700倍提升你的口才能力

职场社交中，一场愉悦的谈话不是那么容易可以做到的。当然在此之前，我们多多少少都有过不是那么愉快的经历，也许是您忽略了社交中的一些重要因素。成功的职场社交，建议您这样做：

提高人际交往能力和技巧的第一步是：正确地了解人和人的本性。了解人和人性可简单概括为——"按照人们的本质去认同他们""设身处地地认同他们"，而不要用自己的眼光去看待别人，更不要把自己的意志强加于别人。人首先是对自己感兴趣，而不是对你感兴趣！换句话说，一个人关注自己胜过关注你一万倍。当你与人交谈时，请选择他们最感兴趣的话题。他们最感兴趣的话题是什么呢？是他们自己！把这几个词从你的词典中剔除出去——"我，我自己，我的"。用另一个词，一个人类语言中最有力的词来代替它——"您"。聆听越多，你就会变得越聪明，就会被更多的人喜爱，就会成为更好的谈话伙伴。当然，成为一名好的听众，并非一件容易的事。

认识到"人们首先关心的是自己而不是你"这一点，是生活的关键所在。

真诚第一

想要与人顺畅地沟通,首先要有真诚的心态,不玩虚的、不做作,内心的想法最终都会投射到人的只言片语、肢体动作以及表情上。

一视同仁

不管对话的角色是谁,都保持对等的心态。面对三教九流的劳动者,能够慈眉善目、平静温和,以尊重的心与他们说话。

逻辑清晰

清晰的逻辑,能让对话者更快速地理解你要表达的想法,让对话的效率更高;体现在说话的条理上,就是先说主干思想,再展开细节描述。

速度适中

一方面体现在语速上,既不要故意太慢让人失去耐心,也不要像机关枪一样太快让人着急上火。另一方面语速要循序渐进。

音量适中

根据不同的场合,合理控制音量。私密的环境中,音量不宜过大,不要让对话者有压迫感;公开的场合,音量不要太小。

适当幽默感

适当的幽默感,能让说话的气氛变得轻松愉快。即使是严肃场合,配合适度的幽默,能拉近与对话者的距离,让沟通更高效。